ÜBER DIE INNERVATION DER HALS= UND BRUSTORGANE BEI EINIGEN AFFEN

VON

L. RIEGELE

MIT 11 TEXTABBILDUNGEN
UND 6 ABBILDUNGEN AUF TAFEL I—VI

SONDERDRUCK

AUS DER

ZEITSCHRIFT
FÜR ANATOMIE UND ENTWICKLUNGSGESCHICHTE
(I. ABTEILUNG DER ZEITSCHRIFT FÜR DIE GESAMTE ANATOMIE)

HERAUSGEGEBEN VON

E. KALLIUS

80 BAND

SPRINGER-VERLAG BERLIN HEIDELBERG GMBH 1926

Die „Zeitschrift für Anatomie und Entwicklungsgeschichte" erscheint als erste Abteilung der „Zeitschrift für die gesamte Anatomie" nach Maßgabe des eingehenden Materials zwanglos, in einzeln berechneten Heften, die zu Bänden wechselnden Umfangs vereinigt werden.

Das Honorar beträgt RM 40.— für den 16 seitigen Druckbogen.

Jeder Verfasser erhält auf Bestellung von seiner Arbeit 100 Sonderabzüge unentgeltlich, sofern die Arbeit 1¹/₂ Bogen Umfang nicht überschreitet Von längeren Arbeiten werden 60 Sonderabzüge unentgeltlich geliefert. Darüber hinaus bestellte Exemplare werden berechnet. Die Herren Mitarbeiter werden jedoch in ihrem eigenen Interesse dringend gebeten, sich, wenn irgend möglich, mit der kostenfrei zur Verfügung gestellten Anzahl zu begnügen, und falls mehr Exemplare unbedingt erforderlich sind, deren Kosten vorher vom Verlage zu erfragen.

Alle Manuskriptsendungen sind zu richten an:

Herrn Geheimrat Professor Dr. Erich Kallius, Heidelberg, Anatomisches Institut.

Im Interesse der unbedingt gebotenen Sparsamkeit wollen die Herren Verfasser auf knappste Fassung ihrer Arbeiten und Beschränkung des Abbildungsmaterials auf das unbedingt erforderliche Maß bedacht sein.

Die Verleger

Additional material to this book can be downloaded from http://extras.springer.com

ISBN 978-3-662-39145-7   ISBN 978-3-662-40128-6 (eBook)
DOI 10.1007/978-3-662-40128-6

(Aus dem Anatomischen Institut d. Univ. München — unter Leitung von Prof. *H. Marcus.* Vorstand: Geheimrat *S. Mollier.*)

Über die Innervation der Hals- und Brustorgane bei einigen Affen.

Von

L. Riegele.

Mit 11 Textabbildungen und 6 Tafeln.

(Eingegangen am 26. Mai 1926).

Einleitung.

Bei einer Arbeit, die den Zweck haben sollte, einen Vergleich von Sympathicus und Parasympathicus im Hals- und Brustteil höherer und niederer Affen mit dem des Menschen zu gestatten, erschien mir als unbedingte Voraussetzung die Anfertigung von zuverlässigen Präparaten, unter möglichster Erfassung aller Äste und Ästchen.

Dies einmal deshalb, weil meines Wissens Sympathicus und Vagus bei den Affen im allgemeinen meist im Rahmen einer Gesamtbeschreibung des Tieres — also nur in großen Zügen — oder lediglich im Hinblick auf den Grenzstrang und dessen größeren Äste abgehandelt wurde. Beim Orang und Pavian speziell liegt nur eine Beschreibung des Grenzstranges und der Herzinnervation vor.

Andererseits existieren viele makroskopische Arbeiten über das viscerale Nervensystem, die alle daran kranken, daß nur die Hauptstämme dargestellt sind.

Bei der großen Variabilität dieses Systems können die auf diese Weise dargestellten Nerven nicht miteinander verglichen werden, da jeweils andere nicht weniger wesentliche Teile des Gesamtsystems fehlen.

Wir müssen uns vorstellen, daß ursprünglich das gesamte vegetative Nervensystem aus diffusen Geflechten bestand, aus denen sich dann einzelne stärkere Nervenstämme herausbildeten. Auch die fertigen somatischen Nerven, wie z. B. Medianus, zeigen bekanntlich einen plexusartigen Aufbau.

Nachdem somit die Überzeugung bestand, daß nur das gesamte Nervengeflecht brauchbare Aufschlüsse über das vegetative Nervensystem ergeben könne, unterzog ich mich der ebenso mühsamen wie zeitraubenden Präparation auch der kleinsten makroskopisch faßbaren Nerven.

Material und Methode.

Zur Verfügung stand mir zunächst ein altes Präparat eines Pavian, das schon *Bischoff* bearbeitet hatte. An ihm habe ich mich in die Technik eingearbeitet. Da der Hals schon weitgehend anpräpariert war, war es nur mehr möglich, die großen Stämme des Vagus und Grenzstrangs mit Rami communicantes darzustellen, und die noch intakten Geflechte am Herzen und an der Thymus.

Als zweites Präparat wurde ein alter intakter Pavian präpariert, der sich durch außerordentliche Rigidität seines Bindegewebsgerüstes auszeichnete; außerdem wurden bei einem weiblichen Macacus die großen Nervenstämme und die Herznerven dargestellt.

Als Hauptobjekt meiner Untersuchung diente mir ein junger Orang, der in Formol ausgezeichnet fixiert war. Es handelt sich hier um ein etwa zweijähriges Tier, bei dem die Darstellung der Innervation von Hals- und Brustorganen möglichst vollständig durchgeführt wurde. Das viscerale Nervensystem wurde hierbei von allen Seiten her in Angriff genommen. Nach Präparation der oberen Schichten wurde die Wirbelsäule mit dem Rückenmark subfascial entfernt — ein Verfahren, das zum Zwecke der Darstellung des sympathischen Nervensystems von *Schumacher* und *Braeucker* angewandt worden war. Die Präparation des Herzplexus geschah wie bei allen anderen Präparaten von vorne her unter Entfernung eines Stückes aus dem Aortenbogen und dem Ram. sinister der A. pulmonalis, da die Zusammenhänge auf diese Weise leichter und vollständiger zur Darstellung zu bringen sind, als von hinten her.

Die Präparationsmethode bestand aus einem sorgfältigen Eliminieren des Bindegewebes mittels zwei feiner Pinzetten, wobei das Objekt jeweils befeuchtet wurde. Die Stirnlupe von *Heß* gewährte dabei große Unterstützung. Durch dreijährige präparatorische Erfahrung wurde schließlich die Untersuchung feinerer Nervenfäden von ähnlich aussehendem, strangförmig verklumptem Bindegewebe gesichert, was ursprünglich durch mikroskopische Kontrolle festgestellt worden war. Dabei mußte das Lymphgefäßsystem weitgehend präpariert und beim Fortschreiten der Nervenpräparation kleinstückweise entfernt werden, wobei sich manche interessante Beziehungen des Sympathicus zum Lymphgefäßsystem feststellen ließen. Sie wurden zum Teil aufgezeichnet.

Ich habe diese Arbeit vor drei Jahren begonnen, als Herr Geheimrat Professor Dr. Rückert noch lebte. Ihm, wie Herrn Geheimrat Professor Dr. Mollier sei an dieser Stelle bestens gedankt für die Überlassung des Materials. Insbesondere möchte ich Herrn Professor Dr. Marcus für die vielfache Anregung und freundliche Unterstützung meinen verbindlichsten Dank aussprechen.

Beschreibung des Hals- und Brustgrenzstranges beim Orang.

Die spinalen Wurzeln wiesen keine Besonderheit gegenüber denen beim Menschen auf. Sie wurden bei der Präparation mit einem Stück Dura mater abgeschnitten und zur Seite geklappt, wie sie auf den Abb. 1—5 zu sehen sind.

Im Halsteile verhalten sich die dorsalen und ventralen Äste der Spinalnerven wie beim Menschen und sind auf den Abbildungen nur soweit berücksichtigt worden, als sie Beziehungen zu Sympathicus, Vagus, Hypoglossus, Accessorius und Phrenicus aufweisen.

Der hintere Teil der Schädelbasis ist bis kurz vor das For. stylomastoideum abgetragen worden. Die Wirbelsäule wurde im ganzen Bereich des Cervical-, Thoracal- und Lumbalteils stückweise entfernt.

Der *N. facialis* ist dargestellt, im oberen Teil im Canalis stylomast. liegend (dessen hintere Wand entfernt ist). An der Austrittsstelle aus dem For. stylomastoideum gibt er auf der rechten Seite zwei Anastomosen zum Nerv. glossopharyngeus ab, auf der linken Seite nur eine, und zwar kurz vor der A. auricularis post. Rechts gibt er ein feines Ästchen nach aufwärts zum Plexus der A. auricularis post. und eines nach abwärts, das in den Plexus caroticus int. lateral vom Glomus caroticum einmündet.

Auf der linken Seite gibt die Anastomose zwischen N. facialis und Glossopharyngeus sowohl ein Ästchen zum Plexus caroticus int. als auch zwei zum Plexus der A. auricularis post. und eines zum Plexus caroticus ext.

Kurz vor dem Abgang des Ramus descendens mandibulae teilt sich der Stamm des N. facialis auf beiden Seiten in seine Gesichtsäste, die rechterseits im ganzen Verlauf, links hauptsächlich in der Peripherie durch zahlreiche Anastomosen miteinander verbunden sind.

Der Stamm des rechten N. facialis läßt durch eine Schlinge die A. temp. superfic. hindurchtreten.

Der N. auriculo-temporalis weist auf beiden Seiten Anastomosen mit dem Ram. frontalis, rechts außerdem noch eine mit dem Facialisstamme auf.

Die andererorts (*Ruge, Eisler*) beschriebenen reichlichen Plexusbildungen im Bereich des Ram. maxillaris und dessen Zerlegung in eine lange Schlinge, von welcher plexusartig verbundene Ästchen, der sog. Plexus buccinatorius abgehen, zeigte sich auch bei diesem Orang auf der linken Seite.

Der Stamm des N. glossopharyngeus tritt gemeinsam und in enger Verbindung mit dem Nerv X (die rechts künstlich gelöst wurde), aus dem For. jugulare aus, zieht von hinten her um den M. stylopharyngeus herum und teilt sich erst kurz vor dem Pharynx in seine Äste, welche zusammen mit dem Ram. pharyngeus vagi, den obersten Teil des Plexus pharyngeus post. und lateralis bilden.

Vom Glossopharyngeusstamm gehen ab: *links* zunächst ein Ästchen für den Plexus der Vena jugularis int.; *rechts* zwei feine Ästchen zum Plexus caroticus und zum Glomus caroticum, ein drittes tritt weiter vorne isoliert in das Glomus ein. Zwischen diesen und den beiden erstgenannten geht das Ästchen für den Musc. stylopharyngeus ab, das auf der linken Seite aus der Anastomose des N. glossopharyngeus mit dem Ram. pharyngeus sup. vagi entspringt.

Der *Stamm des N. hypoglossus* zieht hinter der V. jugul. int. herab und kreuzt im Bogen die Ganglia cerv. sup. und nodosum, sowie die Teilungsstelle der A. carotis communis (dieser Abschnitt ist in Abb. 3 und 4 herausgenommen).

Auf der linken Seite (Abb.4) erhält er, kurz nachdem er hinter der Vena jugul. int. hervortritt, eine Anastomose aus dem Gangl. cerv. sup. und eine aus dem Gangl. nodosum X.

Knapp vor der A. carotis communis sendet er den Ram. descendens nach abwärts, der mit 2 Wurzeln den Stamm des Nerven verläßt.

Der Ram. descendens hypoglossi bildet bei diesem Orang nicht direkt einen Schenkel der Ansa hypoglossi, geht also nicht einheitlich nach abwärts, sondern ist unterbrochen durch den Ram. cervicalis 2, in welchen er geteilt eintritt.

Von der so entstehenden vorderen Gabel zweigt auf der linken Seite ein Ast zum M. omohyoideus (abgeschnitten) ab, weiter medial lagert sich kurz vor der A. thyreoidea sup. der, aus der oberen Phrenicuswurzel (C_3 und C_4) entspringende, zuerst nach abwärts, dann im Bogen nach aufwärts ziehende untere Teil der Ansa XII vermittels dreier kurzer Verbindungszweige an.

Da sich die vordere Gabel in 2 Äste teilt, entstehen somit 3 Äste für die Unterzungenmuskulatur, deren oberster den M. thyreohydeus innerviert, während der Stamm des N. hypoglossus lediglich Äste zur eigentlichen Zungenmuskulatur abgibt. Dieser zum M. thyreohyoideus gehende Ast sendet einen Verbindungszweig zu dem, die A. thyreoidea sup. begleitenden Nervengeflecht, während vom unteren Schenkel der Ansa XII zwei feine Fädchen zu der Ausbreitung dieses Plexus über dem oberen Pol der Schilddrüse ziehen.

Der Stamm des rechten N. hypoglossus (Abb. 3) entsendet gleich nach dem Hervortreten hinter der Vena jugul. int. ein Ästchen, das, nachdem es zwei Zweige zum Gangl. nodosum X und einen zum Gangl. cerv. sup. abgegeben hat, in den Plexus der seitlichen Pharynxwand einstrahlt.

Der Ramus descendens zweigt hier wiederum an der A. carotis communis vom Stamme ab, gibt in der oberen Hälfte drei feinere Ästchen an den Plexus caroticus, in der Mitte einen stärkeren horizontalen Muskelast (zur Unterzungenmuskulatur) ab, ferner ein feines aufsteigendes Ästchen zum Geflecht der A. lingualis, und tritt dann in den starken Ram. cervicalis 2 ein. — Er bildet also auch auf dieser Seite nicht einfach einen Schenkel der Ansa hypoglossi, sondern ist auch hier unterbrochen durch den Ram. cervicalis 2.

Von der so entstehenden vorderen Gabel gehen 2 Anastomosen zu dem erw. horizontal verlaufenden Muskelast nach aufwärts, ferner zweigt ein Ast für den M. omohyoideus nach vorne und medianwärts ab (abgeschnitten), der den unteren Teil der Ansa hypoglossi aufnimmt. Diese entspringt auch hier aus der oberen Phrenicuswurzel (C_2 und C_3) und steigt in flacherem Bogen auf, als auf der anderen Seite, in der Mitte zwei feinere Ästchen nach abwärts (abgeschnitten) und eins nach aufwärts zur V. jugul. int. abgebend.

Der N. accessorius ist beim Austritt aus dem For. jugul. beiderseits mit dem Vagus und Hypoglossus dermaßen verflochten, daß eine Trennung nur künstlich erfolgen konnte. Diese Anastomosen entsprechen dem Ram. internus. Der Ram. externus ist bis C_3 gezeichnet, dann abgeschnitten.

Der *linke* N. accessorius sendet noch in der Höhe der Fossa jugularis zwei Verbindungszweige nach medial-abwärts, von denen der obere an die breite oberste Anastomose zwischen dem Gangl. cerv. sup. und Gangl. nodosum, der untere direkt in das letztere Ganglion zieht.

In seinem weiteren Verlauf erhält er auf dieser Seite noch einen Zweig aus dem Ganglion nodosum ferner einen, der hinter der V. jugular. int. hervortritt und aus einer Schlinge entspringt, die von einem Ästchen aus dem Gangl. cerv. sup. und einem aus dem Gangl. nodosum gebildet wird.

Der *rechte* N. accessorius weist nach seinem Austritt aus der Fossa jugularis eine Anastomose mit dem Ganglion nodosum und eine mit dem oberen Halsganglion auf, von welcher ein Ästchen zum Plexus caroticus int. abzweigt. Ein solches Gefäßästchen verläßt weiter peripher den N. XI und zieht nach Aufnahme einer Anastomose aus dem Gangl. nodosum aufwärts zum Plex. carot. int.

Der N. phrenicus bildet sich beiderseits aus mehreren Wurzeln, die zum Teil aus cervicalen Nerven, aus Rami communicantes und dem Grenzstrang, oder aus dem Gefäßplexus und seinen Ganglien abzweigen; hat also dreifachen Ursprung.

Der linke Phrenicus entsteht der Hauptsache nach durch Zusammentritt einer oberen Wurzel vom dritten und vierten Cervicalnerven, mit einer unteren aus dem fünften Cervicalnerven. Der obere enthält daneben 2 Ästchen aus dem ansehnlichen Ganglion im Plexus der A. transv. scapulae und entsendet ein Ästchen nach abwärts zu diesem; der Stamm des N. phrenicus erhält unterhalb des Abgangs der A. mammaria int. eine ansehnliche Anastomose aus der Schlinge, die vom unteren Teil des Ganglion 8 um die A. Subclavia herum nach dessen oberen Teil zieht (Ansa subclavia), und deren hinterer Schenkel noch einen Ast vom R. communic. aus C_5 erhält.

Der Stamm des linken N. phrenicus gibt an peripheren Ästen ab: *oberhalb* des Abgangs der A. mammaria int. von der Subclavia ein mit 2 Wurzeln entspringendes Ästchen, das sich gleich wieder in einen Ast zum Plexus intervisceralis und einen zu dem, die A. mammaria int. begleitenden Geflecht ziehenden Ästchen teilt. Ein ebensolches geht *unterhalb* der A. mammaria int. zu deren Plexus.

Zu dem auf Thymus und Pericard liegenden Teil des N. phrenicus gibt dieser 4 Ästchen ab. Das oberste zieht zum Plexus der A. pericardiaoophrenica, das nächste bildet mit dem letzten eine Schlinge, von der aus Zweiglein zur Thymus und zum Perikard ziehen. Das mittlere zieht ebenfalls zum Perikard.

Sämtlich ziehen sie nach medial und vorne.

Der rechte Phrenicus entsteht aus 3 spinalen Wurzeln: die erste, aus C_2 und C_3 gebildet, verbindet sich nach Abgabe zweier absteigender Ästchen zum Plexus der A. vertebralis und zur Ansa hypoglossi hinter dem Truncus thyreocervicalis mit der zweiten aus C_5 (mit Verbindung nach C_4) und bildet einen Stamm, dem sich kurz oberhalb des Abgangs der A. mammaria int. die dritte spinale Wurzel hinzugesellt. Diese entspringt aus dem fünften Cervicalnerven, zieht hinter der A. und V. transv. scap. vorbei und vor dem Trunc. thyreo-cervicalis, biegt dann um die Vena jugul. int. nach vorn und vereinigt sich an erwähnter Stelle mit dem Phrenicus

Auch der Stamm des rechten Zwerchfellnerven erhält eine ansehnliche Anastomose aus einer Schlinge, deren Schenkel diesmal nicht direkt aus dem Grenzstrang kommen, sondern einigen dem Grenzstrang vorgeschalteten Ganglien entspringen. So tritt der vordere Schenkel aus dem Ganglion *a*, vor und am unteren Ende von Ganglion 7 des Halsgrenzstranges, schlingt sich, einige Gefäßästchen abgebend, um die Art. subclavia herum, gibt die Anastomose an den Phrenicus und zieht zu dem am Phrenicusstamme liegenden ansehnlichen Ganglion, in das er eintritt, welches mit diesem 2 kurze Anastomosen hat. Der hintere Schenkel dieser Schlinge tritt aus diesem Ganglion aus und mündet in ein, dem Grenzstrang bzw. dessen Ganglion 7 vorgelagertes kleines Ganglion, das dicht unter der A. vertrebralis liegt.

Periphere Äste des rechten Phrenicus.

Schon die unterste cervicale Phrenicuswurzel gibt hier ein Ästchen zum Plexus der A. mammar. int. ab, welches mit dem Geflecht über der Vena anonyma Anastomosen hat. Dieses wird gebildet aus den, von der Schlinge der beiden oberen Phrenicusäste und von einem Sympathicusast (aus dem kleinen Ganglion neben Ggl. *a*) abgehenden Zweiglein.

Die beiden nächstfolgenden Phrenicusäste bilden wiederum eine Schlinge, deren Zweige zusammen mit den beiden letzten Ästchen in den lateral-unteren Teil des Perikards einstrahlen.

Beschreibung des Halsgrenzstrangs.

Das Gangl. cerv. sup. liegt beiderseits medial von der A. carot. int., hat beiderseits annähernd Spindelform (s. Abb. 1—4) und ist von etwa 2 cm Länge. In seiner richtigen Lage zum Gangl. nodosum X und zur A. carot. int. sieht man es auf Abb. 2, wo es (wie auf Abb. 1) von hinten freigelegt dargestellt ist.

Das *linke obere Halsganglion* erhält an *Rr. communicantes* vom zweiten Cervicalnerven her einen oberen, der in 2 Ästchen gespalten an seinem unteren Pol eintritt[1]), einen unteren von der Ansa cervicalis 2 (zwischen C_2 und C_3), der mit 2 Wurzeln aus ihr entspringend unter den beiden anderen in das Ganglion eintritt, nachdem er eine Anastomose zum obersten Ram. communic. entsandt hat. Von der Abzweigungsstelle dieser Anastomose führen zwei feinere Ästchen zu einem Ganglion, das mit dem daneben liegenden gleich großen eine dünne Verbindung hat. Von letzterem, das noch ein Fädchen aus C_2 erhält, führen zwei Ästchen in den Grenzstrang. Diese Verbindung von C_2 zum Grenzstrang über die beiden Ganglien gehört zum System der Rr. communicantes, wenngleich von den Ganglien Ästchen zur Hinterwand der V. jug. int. ziehen. Eines derselben mündet nach längerem Verlauf nach abwärts an der V. jug. int. entlang weiter unten in den Grenzstrang ein.

Die Rr. communicantes des rechten Gangl. cerv. sup.

Der oberste entspringt aus der Stelle, aus der die Ansa cervicalis 1 (C_1—C_2) mit C_2 zusammentritt und von der die Anastomose zum Ram. descendens XII abzweigt. Er zieht nach aufwärts zur Mitte des Ganglions, wo er eintritt, nachdem er vorher ein Zweigchen zum Ganglion nodosum X abgespalten. Aus der Anastomose zum Ram. descendens XII entspringen zwei Ästchen, die zu zwei kleinen, senkrecht übereinander liegenden, durch einen feinen Faden verbundenen Ganglien führen. Sie liegen im Geflecht der hinteren Wand der V. jug. int. Von dem oberen Ganglion führt ein Ästchen zum oberen Ram. communicans. Die anderen Ästchen verbinden sich mit dem Geflecht der V. jugul. int. Aus dem unteren Ganglion treten zwei Ästchen aus: das obere zieht nach oben und mündet gespalten in den unteren Pol des Gang. cerv. sup., das untere zieht nach abwärts und mündet weiter unten in den Grenzstrang. — Also ein sehr charakteristisches Verhalten, das dem der anderen Seite im wesentlichen entspricht: daß nämlich Ganglien in den Verlauf der Rr. communicantes eingeschaltet sind, ein Verhalten, auf das später noch ausführlich eingegangen werden wird.

Äste des linken Gangl. cerv. sup. nach oben:

Auf der linken, wie auf der rechten Seite läuft das obere Ende des oberen Halsganglion in einen ansehnlichen N. jugularis (siehe in den Abb. 1 und 2) aus.

Sonst tritt an der linken Seite von der oberen Hälfte des Ganglion nur ein ziemlich breiter Ast nach aufwärts zu dem ansehnlichen Knoten an der lateral-hinteren Wand der A. carotis int. (Abb. 4), das einen Hauptteil von Fasern des

---

[1]) Von ihm gehen zwei nach aufwärts ziehende Ästchen für die tiefe Nackenmuskulatur ab.

Gefäßplexus in sich aufnimmt. Zu diesem Ganglion gesellt sich an der medial-hinteren Wand des Gefäßes ein Ästchen, das unterhalb des Gangl. cerv. sup., gegen-über der Eintrittsstelle des unteren Ram. communicans mit den beiden erwähnten Ganglien den Grenzstrang verläßt, einen Verbindungszweig zum Plexus caroticus ext. entsendet und senkrecht über das Gangl. cerv. sup. hinaufziehend, sich mit einem Ästchen aus demselben vereinigt.

Nach medial-hinten (Abb. 2) treten etwas unterhalb der Mitte des Ganglion 2 kurze, dicke Nervenstränge aus, deren oberer mit einem Ast aus dem Ganglion nodosum verschmolzen ist, und ziehen konvergierend zur Hinterwand der Carotis-teilung bzw. zum Glomus caroticum.

Aus dem oberen Pol des Ganglion entspringt ein ziemlich dicker Ast, der nach Aufnahme einer derben Anastomose aus dem Ganglion nodosum X unter dem N. IX gegen die seitliche Pharynxwand zieht, an deren Plexus er einige Äst-chen abgibt und eine Anastomose zum N. lX hinauf sendet.

An die hintere Pharynxwand zieht vom unteren Pol des oberen Halsganglion aus ein ansehnlicher Ast, der mit einem gleich starken aus dem Ganglion nodosum eine ansehnliche Schlinge bildet. Von dieser treten zahlreiche Endzweige nach medianwärts und strahlen in die mittlere und untere Pharynxmuskulatur ein.

An diesen stärkeren Ast aus dem unteren Pol des Ganglion schließen sich zwei dünnere Äste an, ein medialer und ein lateraler, die beide an der Hinterwand der A. carotis communis herabziehen und in der Höhe des sechsten Halswirbels in den Grenzstrang eintreten. Der mediale anastomosiert mit dem vorigen und ent-sendet 4 Zweige zur oberen Hälfte der Schilddrüse. der laterale hat oben eine Ver-bindung mit dem Grenzstrang und gibt mehrere Ästchen an den Carotisplexus ab[1]).

Nach medial-vorne zieht vom unteren Pol des Gang. cerv. sup. entspringend und eine breite Wurzel aus dem Gangl. nodosum aufnehmend der *N. laryngeus sup.* Er zieht in schwachem Bogen (Abb. 4) nach aufwärts und gibt kurz vor seinem Eintritt ins Foramen laryngeum (unter dem Zungenbein) einige feine Ästchen zum Plexus der A. laryngea ab. Diese durchtritt auf dieser Seite gemeinsam mit dem Nerven die Membrana hyolaryngea.

Äste des rechten oberen Halsganglion. Das rechte Gangl. cerv. sup. läuft, wie erwähnt, nach oben in einen ansehnlichen N. jugularis aus, der eine breite Ana-stomose mit dem Stamm des N. glossopharyngeus besitzt.

Vom oberen Pol des Ganglion strahlen 4 Ästchen aus, die den Plexus an der Hinterwand der rechten A. carotis int. bilden. Das lateralste zweigt nach außen ab und zieht zur Vena jug. int. hinauf.

Nach medial-vorne zieht vom oberen Pol der medialen Kante des Ganglion (Austrittsstelle auf Abb. 3 durch den Zufluß aus dem Gangl. nodosum verdeckt), wie auf der linken Seite ein ziemlich starker Ast, er verläuft unterhalb des Glosso-pharyngeusstammes und begibt sich an das Geflecht der seitlichen Schlundwand, nachdem er einen dicken Zweig an den Plexus carot. ext. abgegeben hat. Er er-hält auch eine Anastomose aus dem Hypoglossus.

Aus der medialen Kante des Ganglion treten nahe dem unteren Ende zwei dicke Stränge aus und ziehen konvergierend zur Hinterwand der Carotisteilung bzw. zum Glomus caroticum (s. Abb. 3). Von dem unteren Ast spaltet sich gleich

---

[1]) In Abb. 4 falsch gezeichnet — sie münden in den unteren Pol des Gangl. cerv. sup.

nach dem Austritt ein Ästchen ab, das sich um die A. carotis int. herumschlingt und von vorne her ins Glomus eintritt.

Direkt vom unteren Pol des Ganglion entspringen zwei Ästchen: das obere, stärkere zieht im Bogen nach medial — und hinten vereinigt sich oben mit einem gleichsinnigen Aste aus dem Ganglion nodosum zu einer Schlinge, von welcher aus zahlreiche Ästchen in die mittlere Pharynxmuskulatur einstrahlen; das untere zieht an der hinteren Carotiswand nach abwärts und tritt in Halsmitte in den Grenzstrang ein. Auch es entsendet einen Ast zur hinteren Pharynxwand, der durch eine breite Anastomose mit dem oberen verbunden ist.

Der untere Halsgrenzenstrang weist bei diesem Orang eine recht bemerkenswerte Besonderheit auf; er läßt sich nämlich nicht wie gewöhnlich in ein Ganglion cerv. med. und in ein Ganglion inferius oder auch stellatum zergliedern, sondern bildet auf beiden Seiten eine langgestreckte gangliöse Masse mit deutlich segmentalen Anschwellungen (wie sie auf den Bildern 1 und 2 von hinten und auf 3 und 4 von seitlichvorne zu sehen ist). Die gangliösen Anschwellungen sind daher nummeriert und im folgenden der Einfachheit halber als Ganglien bezeichnet.

Auf den Bildern 1 und 2 ist lediglich der Grenzstrang mit den Rr. communicantes nebst ihren Ganglien zur Darstellung gebracht. Das System der, sowohl von den Spinalnerven, als von den Rami communicantes abzweigenden Gefäßnerven, und die dazwischen gelagerten Ganglien sind besser von vorne und daher auf den Bildern 3 und 4 zu sehen.

In die Mehrzahl der Rr. communicantes des unteren Halsgrenzstranges sind Ganglien von verschiedener Größe eingelagert, ganz analog der oben beschriebenen untersten Ram. communicantes des Gangl. cervic. sup.

Auf der linken Seite (s. Abb. 2 und 4) tritt ein oberer Ram. communicans aus C_3 in ein ziemlich großes, nahe dem Grenzstrang gelegenes Ganglion, das mit dem Grenzstrang durch 3 Ästchen in Verbindung steht. Das oberste derselben nimmt den langen Ast aus dem medialen der beiden Ganglien im Verlauf des untersten Ram. communicans zum Ganglion cerv. sup. auf, das unterste sendet ein Ästchen medialwärts zum Plexus caroticus. Auch von C_4 erhält das Ganglion einen Ram. communicans, der in mehrere Ästchen aufgelöst ist. Es hat ferner eine kurze Verbindung mit dem nächst unteren, etwas kleineren Ganglion, das ebenfalls nahe der Anschwellung 5 des Grenzstrangs gelegen und mit einer sehr kurzen, breiten Anastomose damit verbunden ist. Es ist in den Verlauf der Rr. communicantes von C_5 und C_6 eingeschaltet. Von letzterem spaltet sich ein Zweig ab, der selbständig zwischen den Grenzstrangganglien 5 und 6 einmündet. Er anastomosiert mit dem Ganglion im nächstfolgenden Ram. communicans aus C_6, aus dem der N. vertebralis dieser Seite entspringt. Es liegt dorsal von der A. vertebralis. Aus diesem Gangl. Ram. com. 6 tritt der Ram. com. wieder aus und mündet, nachdem sowohl er wie sein Ganglion selbst einen Verbindungszweig aus C_7 aufgenommen hat, mit breiter Anschwellung in den Grenzstrang (Ganglion 6). Aus diesem Verbindungszweig und aus dem Ganglion treten zwei feine Ästchen. Diese münden in ein kleines Ganglion, aus dem ein Faden in Ganglion 6 und einer ins Ganglion 7 mündet.

In das Ganglion 7 tritt ein starker Ram. communicans aus C_7, mit deutlicher gangliöser Verdickung ein. Knapp unterhalb dieser Stelle mündet auch ein schwächerer Ram. communicans aus C_6.

Zum Ganglion 8 tritt ein starker und ein schwächerer Ram. communicans aus C_8. Ersterer weist wiederum eine deutliche ganglöse Verdickung auf, die ins Ganglion 8 übergeht.

Auf der rechten Seite bietet der untere Halsgrenzstrang im wesentlichen dasselbe Bild wie auf der linken; nur mit dem Unterschiede, daß er hier eine gangliöse Anschwellung (4) mehr besitzt.

Aus C_3 tritt wiederum ein Ram. communicans hervor und mündet in ein, nahe dem Grenzstrang gelegenes großes Ganglion (3), das durch zwei Ästchen mit dem Grenzstrang verbunden ist. Es sendet ein Gefäßästchen nach aufwärts zum Plexus der V. jugularis int. (Abb. 3).

Aus C_4 entspringt mit 3 Wurzeln ein stärkerer Ram. communicans, der mit einer breiten gangliösen Anschwellung in den Grenzstrang tritt (4). Hoch oben zweigt von ihm ein Ästchen ab, das mit einem aus der zweiten Phrenicuswurzel (C_5) einen stärkeren Ast bildet, der in der Mitte von Ganglion 5 in den Grenzstrang mündet. Kurz vorher spaltet er noch ein Ästchen zu dem Gefäßganglion b ab.

Aus C_5 tritt ein Ram. communicans nach dem Ganglion 5 in das er mit gangliöser Anschwellung eintritt. Er steht durch zwei kurze Anastomosen in Verbindung mit einem kleinen, dicht an der A. vertebralis gelegenen Ganglion zu deren Plexus er ein Ästchen abgibt. Dieses Ganglion liegt im Verlaufe eines aus C_6 entspringenden Astes, der hinter der A. vertebralis ins Ganglion tritt und ist durch ein längeres Ästchen mit dem Ganglion 4 verbunden. Ein weiterer Ast aus C_6, der wie der vorige ein Ästchen nach aufwärts an die A. vertebralis abgibt, mündet in ein größeres, mit dem vorigen verbundenes Ganglion.

Diese beiden bilden mit den 3 nächstfolgenden, in den Verlauf der Rr. communicantes aus C_7 eingeschalteten Ganglion eine Kette, die sich um den hinteren Umfang der A. vertebralis herumschlingt (s. Abb. 1 und 2).

Ein weiter peripher aus dem sechsten Cervicalnerven austretender Ram. communicans tritt ohne gangliöse Unterbrechung am oberen Ende des Ganglion 7 in den Grenzstrang. In dieses selbst tritt ein kurzer, dicker Ast aus dem ihm vorgelagerten größeren Ganglion. Dieses enthält einen Ram. communicans, der weiter peripher von C_7 abzweigt, und zwei kurze Ästchen aus den beiden kleinen, in den Verlauf der beiden anderen von C_7 kommenden Ram. communicantes, eingelagerten Ganglien.

Aus C_8 treten 2 Rr. communicantes, die sich kurz vor der gangliösen Anschwellung bei Ganglion 8 vereinigen; ein dritter tritt weiter peripher aus dem achten Spinalnerven und mündet dicht neben den anderen beiden.

Peripherische Äste des linken Halssympaticus.

Die Äste des Ganglion Cerv. sup. sind bereits erwähnt, ebenso die zur Hinterseite des oberen Schilddrüsenpols ziehenden. Daran anknüpfend sei bemerkt, daß in Höhe des sechsten Halswirbels auf der linken Seite (s. Abb. 2) drei feinere Nerven den Grenzstrang verlassen. Der oberste, steil nach aufwärts gerichtete, bildet mit einem absteigenden Ast aus dem oberen Halsganglion die erwähnte Schlinge, von der drei stärkere Zweige zum Geflecht der oberen Schilddrüsenhinterfläche ziehen. Der mittlere und der untere der in Höhe von C_6 aus dem

Grenzstrang gehenden Nerven, führt mehr quer und medianwärts zur Hinterfläche des linken Schilddrüsenlappens.

Weiter nach abwärts und gegenüber dem Ganglion 4 des linken Halsgrenzstranges entspringt mit 3 starken Wurzeln, deren untere mit dem Vagusstamme anastomosiert, und einer dazwischen gelegenen schwächeren (mit einem kleinen Ganglion) ein mächtiger Nerv. cardiacus. Die oberste Wurzel entspringt etwas weiter oben und besitzt ein größeres Ganglion. Der Nerv zieht nach Zusammentritt seiner Wurzeln steil nach abwärts an die lateral-hintere Seite der A. carotis comm. und mündet ein kurzes Stück oberhalb des Carotisursprungs in ein sehr großes Ganglion, das seiner Lage nach dem *Ganglion cardiacum sup* der alten Anatomen entspricht (s. Abb. 2, 4 und 5).

In dieses Ganglion tritt ferner ein schwächerer N. cardiacus ein, der mit 2 Wurzeln aus Ganglion 6 und 7 den linken unteren Halsgrenzstrang verläßt. Allgemein wäre über die Namen N. card. sup., med. und inf. zu bemerken, daß ihre Einteilung willkürlich ist, da bei dem einen oder anderen Präparat einer oder mehrere dieser Nerven fehlen bzw. einen solchen Verlauf nehmen kann, daß er nicht mit Sicherheit zu identifizieren ist. So kann man z. B. bei diesem Orang einen N. card. sup., der vom oberen Halsganglion zum Herzplexus zieht nicht feststellen, da er kurz oberhalb der Abgangsstelle des starken eben beschriebenen N. card. wieder in den Grenzstrang eintritt. Auf der rechten Seite handelt es sich anscheinend um die öfters beobachtete Schlingenbildung des N. card. sup. mit dem Grenzstrang. Es wäre auch denkbar, daß der N. card. sup. einmal vollständig im Grenzstrang verläuft und diesen erst mit dem N. card. medius verläßt.

Wir können also auf dieser Seite nur von zwei eigentlichen Herzästen des Grenzstrangs (in anatomischem Sinne) sprechen.

Von dem oberen entspringen 3 Nerven (Abb. 5), die in das Geflecht der vorderen Trachealwand einstrahlen. Davon besitzen die beiden unteren nebeneinander entspringenden je eine Anastomose zum N. recurrens.

Zwei weitere medianwärts ziehende Ästchen treten nebeneinander aus dem oberen Pol des Gangl. card. sup. aus. Das obere endigt völlig im Trachealgeflecht, während das untere nur einige Zweiglein an dieses abgibt und, sich teilend, mit einigen Ästen des Herzplexus in Verbindung tritt (Abb. 5).

Von der Vereinigungsstelle der Wurzeln dieses oberen N. card. zieht nach hinten und aufwärts ein Ästchen zum Plexus am unteren Pol der Schilddrüse. Von der oberen Wurzel des oberen N. card. tritt ein feinerer Ast ab, der parallel zum Nerven zum Gang. card. sup. herabzieht, in das er eintritt. Er hat 3 Anastomosen mit dem Nerven. Kurz oberhalb seines Eintritts in das Ganglion sendet er einen Ast nach abwärts, der in ein auf dem Duct. thoracicus gelegenes Ganglion eintritt (Abb. 1). Aus diesem treten mehrere Ästchen nach abwärts und bilden ein feines Geflecht um den *Ductus thoracicus*, das bis zur Höhe von Th 4 verfolgt werden konnte. Ob und in welcher Weise es mit den sympathischen Plexus der hinteren Brustwand in Verbindung steht, konnte nicht festgestellt werden.

An der Austrittsstelle der zweitoberen Wurzel des oberen linken N. card. entspringt aus dem Grenzstrang ein ansehnliches Ästchen, das nach medianwärts abzweigt und in den linken N. recurrens eintritt.

Die weiteren aus dem unteren Halsgrenzstrang entspringenden dorsalen Äste ziehen nach medianwärts zum Plexus der hinteren Oesophaguswand.

So entspringt einer oberhalb Ganglion 5, ferner je einer aus Ganglion 6 und 7. Der oberste dieser Äste sendet einen Zweig nach abwärts zum Plexus der Aorta descendens.

Die rechte Seite unterscheidet sich im wesentlichen von der linken dadurch, daß hier nicht nur ein großes Ganglion cardiacum sup., sondern unter und neben diesem noch ein kleineres Ganglion vorhanden ist (s. Abb. 1, 2 und 5). Ferner ist der N. card. sup. hier wahrscheinlich jener Nerv, der aus dem unteren Pol des Gangl. cerv. sup. an der hinteren Carotiswand nach abwärts tritt etwa in der Mitte des Halses mit dem Grenzstrange eine kurze Anastomose hat und in die oberste Wurzel des oberen N. cardiacus dieser Seite eintritt. Auf diese Weise entstehen zwei größere Schlingen, von denen die obere bereits beschrieben ist. Von der unteren, die 3 Anastomosen mit dem Grenzstrang besitzt, gehen mehrere Äste aus, die den größten Teil des Geflechts über der Hinterfläche des rechten Schilddrüsenlappens bilden: so ziehen vom oberen Ende der Schlinge zwei Ästchen nach medianwärts zum oberen Pol der Schilddrüse. Dann folgen weitere zwei, von denen das obere sogleich in ein kleines Ganglion tritt, aus diesem ziehen zwei Ästchen nach medianwärts zur Schilddrüse und anastomosieren seitlich mit den übrigen. Der untere Ast zieht mehr schräg nach abwärts über die Drüse, wo er sich verzweigt. Das kleine Ganglion sendet noch einen Ast nach abwärts, der mit der Schlinge gemeinsam in die oberste Wurzel des oberen Herznerven tritt und vorher ein Ästchen zum Carotisplexus abgibt.

Dieser obere starke Herznerv entspringt mit zwei stärkeren Wurzeln und einer dazwischengelegenen schwächeren, in die ein kleines Ganglion eingelagert ist, das einen Nerven an die Hinterseite der A. thyr. sup. und ein Ästchen an das kleinere Herzganglion dieser Seite abgibt.

Der starke obere N. cardiacus dieser Seite zieht schräg nach unten und medianwärts, gibt zwei gemeinsam entspringende obere, ein mittleres und ein unteres Ästchen ab, die sämtlich nach medialwärts zum Plexus trachealis ant. abzweigen und mündet in das große Ganglion card. sup. der rechten Seite.

Vom oberen Pol und von der Mitte dieses Ganglion zweigen je eine Anastomose zum N. recurrens ab. Von der Mitte zieht noch ein Ästchen nach medialaufwärts zur Trachea.

Gleichfalls aus der Mitte des Gangl. card. sup. tritt auf der Hinterseite ein stärkerer Ast nach aufwärts und verzweigt sich am unteren Pol des rechten Schilddrüsenlappens.

Aus dem oberen Pol des Ganglion tritt ein mit 2 Wurzeln entspringender stärkerer Ast nach abwärts zu dem kleineren Herzganglion.

Aus Ganglion 6, 7 und 8 des Grenzstranges treten feinere Ästchen nach medialabwärts zu den Geflechten an der Hinterwand der A. subclavia und anonyma, welche mit den übrigen Gefäßplexus vor der Beschreibung des Herzplexus erörtert werden.

Zunächst soll **der Brustgrenzstrang** beschrieben werden.

Bei der Beschreibung des Brustgrenzstranges beginne ich mit Gangl. thoracicum 8, aus dem links die obere Wurzel des N. splanchnicus major tritt, da von hier ab auf beiden Seiten der Grenzstrang unregelmäßig wird: so ist auf der linken Seite in den Ram. interganglionaris 8 oberhalb des Gangl. Th 9 ein ziemlich ansehnliches Ganglion eingeschaltet, in den Ram. intergangl. 9 ein kleineres Ganglion oberhalb des Gangl. Th 10 — also eine Verdoppelung oder eine Nichtvereinigung der Grenzstrangganglien. Ebenso ist dem Gangl. Th 11 eine kleine gangliöse Masse vorgeschaltet. Unterhalb des Gangl. Th 11 spaltet sich der Grenzstrang in einen medialen und einen lateralen Schenkel in dem das Gangl. Th 12 liegt.

Die Rami communicantes des Brustgrenzstranges

bieten ebenfalls bis Th 8 nichts besonderes. Auf der linken Seite, wo das Gangl. cervic. 8 ziemlich ansehnlich ist, ist *das Gangl. thorac. I* nur sehr schwach entwickelt. Es erhält einen einzigen sehr breiten Ram. communicans, je ein schwächerer zweigt von der zum Plexus brachialis ziehenden Portion des ersten Thorakalnerven sowohl nach dem Ram. interganglionaris (zwischen C_8 und Th I) als auch vom ersten Intercostalnerven zum Ram. intergangl. 1. Dieser erhält noch einen Ast durch den Zusammentritt je eines Ästchens aus den Intercostalnerven 1 und 2, die weiter peripher entspringen.

Das Ganglion Th 2 erhält einen Ram. communicans aus dem zweiten Brustganglion.

Das Ganglion Th 3 erhält zwei Rami communicantes: einen oberen direkt aus dem dritten Brustganglion und einen unteren aus dem dritten Intercostalnerven. Weiter peripher zweigt von diesen ein Ästchen ab und mündet in der Mitte des Ram. interganglionaris 2.

Das Ganglion Th 4 erhält ebenfalls zwei Rami communicantes.

Ganglion Th 5 und Th 6 erhalten nur je einen Ram. communicans. Der zum Gangl. Th 5 tretende teilt sich vor dem Eintritt in 2 Äste.

Das Ganglion Th 7 erhält 2 Rr. communicantes, die durch eine Queranastomose verbunden sind. Durch die so entstehende Nervenschlinge treten die A. und V. intercost. 7 hindurch.

Das Ganglion Th 8 erhält zwei Rr. communicantes: einen aus dem dritten thorakalen Spinalganglion und einen nach aufwärts ziehenden aus dem neunten.

Ganglion Th 9 erhält zwei Rr. communicantes aus Th 9, und zwar einen kurzen aus dem Ganglion und einen längeren aus dem Intercostalnerven.

Das Ganglion im Ram. interganglionaris 8 erhält ebenfalls einen Ram. communicans aus dem neunten spinalen Brustganglion, in welchen ein kleines Ganglion eingelagert ist. Von diesem zieht ein Gefäßästchen der neunten Intercostalarterie entlang zum Plexus aorticus. Es anastomosiert dabei mit dem Gefäßästchen für die nächsthöhere Intercostalarterie, das aus dem N. splanchnicus entspringt (Da diese Gefäßästchen hier im wesentlichen mit aus dem N. splanchnicus entspringen, sind sie hier schon erwähnt).

Das Ganglion Th 10 erhält einen kurzen Ram. communicans aus dem zehnten spinalen Brustganglion, in den wiederum ein kleines Ganglion eingelagert ist — ein Verhalten, das an dasjenige der Rr. communicantes des unteren Halsgrenzstranges erinnert. Aus diesem kleinen Ganglion tritt ein Ästchen, von dem ein Zweig zum Plexus der zehnten Intercostalarterie abzweigt und mündet in das Ganglion im R. intergangl. 9.

Außerdem tritt noch ein Ram. communicans vom zehnten Intercostalnerven ins Ganglion. Vor seinem Eintritt spaltet er ein Ästchen zum Ram. intergangliaris 10 ab.

Das Ganglion Th 11 erhält zwei Rami communicantes. Der obere mit einem kleinen Ganglion nahe dem Grenzstrang und in breiter Verbindung mit diesem; der untere zweigt von einem Ram. communicans ab, der zu dem in der Mitte des lateralen Ram. interganglionaris gelegenen *Gangl. Th 12* zieht. Dieses erhält auch vom zwölften spinalen Brustganglion einen Ram. communicans und läßt nach medialwärts einen ansehnlichen Ast austreten, der mit dem medialen Ram. intergangl. 11 eine Verbindung eingeht und sich dann dem N. splanchnicus minor beigesellt.

Das Ganglion L 1 liegt etwas medialer als das vorige, wie denn überhaupt die beiderseitigen Grenzstränge im Lumbalteil stärker aneinander rücken. Es erhält einen Ram. communicans aus Th 12 bzw. aus der Ansa lumbalis 1 und einen zweiten aus dem ersten spinalen Lumbalganglion, der in zwei Äste gespalten ins Ganglion tritt.

Nach dem N. splanchnicus min. sendet das Ganglion zwei kurze Zweige. Eine starke Queranastomose zieht aus dem Ganglion an der Vorderseite der Aorta vorbei zum Ganglion L 1 der anderen Seite.

Offenbar hängt diese Queranastomose damit zusammen, daß die beiden Grenzstränge jetzt näher aneinander treten. Im Brustteil sind sie zweifellos auch vorhanden, jedoch nicht als dicke Stränge, sondern ziehen durch den Aortenplexus von den Gefäßnerven der einen zu denen der anderen Seite.

Im Halsteil entziehen sie sich wegen der Derbheit der Fascia praevertebralis zumeist der makroskopischen Darstellung.

Ich habe sie mehrfach verfolgen, aber nicht durchpräparieren können.

Offenbar finden sich hier dieselben Verhältnisse wie sie auch beim menschlichen Fetus einmal von *W. Braeucker* beobachtet worden sind.

Das Ganglion L 2 erhält einen Zweig, der von dem erwähnten R. communicans abgeht; aus demselben tritt ein weiterer Zweig, der zwei Ästchen an den unteren Pol des Ganglion L 2 und eines zum Ganglion L 3 abgibt. Dieses erhält noch einen Ram. communicans aus dem dritten Lumbalganglion, das auch nach aufwärts einen Ram. communicans schickt, der an der medialen Kante ins Ganglion L 2 eintritt.

Das Ganglion L 4 erhält einen Ram. communicans aus dem vierten Lumbalnerven. Es hat eine Queranastomose mit dem Ganglion L 4 der rechten Seite, die faßt so stark wie der Grenzstrang selbst ist.

Zwischen den Ganglien L 2 und L 3 beider Seiten ist keine typische Queranastomose vorhanden, sondern nur die Verbindung der von den beiderseitigen Ganglien ausgehenden Gefäßnerven über die Aorta.

Wenn wir nun die efferenten Äste des Grenzstranges besprechen, so müssen wir uns darüber klar sein, daß der Grenzstrang kein starres Gebilde ist, sondern daß (wie aus Abb. 1 ersichtlich) zahlreiche Längsanastomosen vorhanden sind, welche als Schlingen außerhalb des Grenzstrangs imponieren.

Es ist natürlich hier der Variation ein weiter Spielraum gegeben: was bei dem einen Individuum als eine außerhalb des Grensstrangs gelegene Schlinge in Erscheinung tritt, kann bei einem zweiten innerhalb des Grenzstrangs verlaufen. So kommt man zu dem Verständnis, diese Schlingen, die von einem Ganglion des Grenzstrangs zum nächsten oder übernächsten verlaufen, als interganglionäre Längsanastomosen des Grenzstrangs aufzufassen. Wir sehen bei diesem Orang diese Schlingenbildung fast im ganzen Verlauf des Grenzstrangs. Auch die hier auf den ersten Blick sehr merkwürdig erscheinende Ansa subclavia ist nur eine solche entsprechend der Größe des durchtretenden Gefäßes besonders ausgebildete Schlinge.

Von diesen Schlingen, wir können ebensogut sagen Grenzstrang, entspringen zahlreiche Äste, die wir *als Gefäßnerven* zusammenfassen wollen.

Unter Gefäßnerven verstehe ich die Nerven, die zu den Gefäßen ziehen bzw. um dieselben herum einen Plexus bilden, ohne damit sagen zu wollen, daß nicht innerhalb dieser Geflechte Nerven oder Fasern zu anderen Organen verlaufen.

Ebenso werde ich von Gefäßganglien sprechen, die in diese Gefäßplexus eingelagert sind ohne auf Grund meiner makroskopischen Präparation irgend etwas über die physiologische Bedeutung dieser Ganglien aussagen zu können.

Die oberste Schlinge auf der linken Seite des Brustgrenzstrangs verläuft vom Ram. interganglionaris (C_8—Th_1) zu dem Ram. interganglionaris Th_1 1, und gibt an den Ursprungsstellen je ein Ästchen und zwei in der Mitte ab. Das oberste zieht zum Plexus der Pleurakuppel und über die A. subclavia hinweg zum Plexus aorticus. Die beiden mittleren ziehen nach medial-unten, haben teil am Plexus der Pleura mediastinalis und strahlen in das Aortengeflecht ein. Der unterste Ast teilt sich in zwei Zweige, deren oberer sich wie die vorigen verhält, der untere aber zum Plexus der Vena azygos bzw. zu ihrem linken oberen Venenzweig (mit der 1.—4. Intercostalvene) zieht.

Der nächste, isoliert aus dem Ram. intergangl. 1 entspringende Gefäßast verhält sich wie der vorige. Aus Gangl. Th 2 und dem Ram. interganglionaris 2 treten 2 Ästchen, die mit einem aus Gangl. Th 3 zusammen eine Schlinge bilden. Von dieser gehen oben mehrere feine Ästchen ab, die sich zu einem stärkeren Ast vereinigen, der zusammen mit dem Ast aus der nächst unteren Schlinge (zwischen Gangl. Th 3 und 4) zu dem Plexus der drei oberen linken Intercostalarterien bzw. deren gemeinsamen Ursprung aus der Aorta tritt.

Die Ganglien Th 4 und 5 sind ebenfalls durch eine Schlinge verbunden, die ein Ästchen an die vierte Intercostalarterie abgibt. Dieses Ästchen erhält noch eine Verbindung vom vierten spinalen Brustganglion.

Vom Ganglion Th 5 führt eine Schlinge zum Ram. interganglionaris 5, aus der zwei Ästchen austreten: ein oberes zur fünften Intercostalvene bzw. zum Plexus venae azygos und ein unteres zur fünften Intercostalarterie.

Vom Ram. intergangl. 5 führt eine Schlinge zum Ram. intergangl. 6, die ein Ästchen aus dem Gangl. Th 6 aufnimmt. Von dieser Schlinge entspringt ein Ast, der eine Anastomose von dem Gefäßast aus Gangl. Th 7 erhält und dann die sechste Intercostalarterie entlang zum Plexus aorticus zieht.

Der Ast aus Gangl. Th 7 gibt ein Ästchen an die gemeinsame V. intercost. (7—8) und zieht dann der siebenten Intercostalerterie entlang zum Plexus aorticus.

Der Gefäßast für die achte Intercostalarterie entspringt aus dem Urspung des N. splanchnicus major. Ebenso wurden bereits die Äste für die 9. und 10. Intercostalarterie erörtert.

Der N. Splanchnicus major. entspringt linkerseits bei diesem Orang ziemlich tief aus dem achten Brustganglion, aus dem er mit breiter Wurzel austritt.

Er erhält einen Zweig aus dem Ganglion im Ram. intergangl. 8. Ferner führt ein Verbindungsast vom Ganglion Th 9 zum Gangl. Th 10, und zwar an die Stelle, an welcher ein starker Zweig aus dem Ganglion zum Splanchnicus tritt.

Also: Makroskopisch entspringt der rechte N. splanchnicus maj. von Th 8 bis Th 11 aus dem Grenzstrang. Man muß annehmen, daß die weiter cranial gelegenen Wurzeln, die man aus dem Vergleich mit der anderen Seite und mit anderen Tieren annehmen muß, hier innerhalb des Grenzstrangs verlaufen.

Von dem kleinen, dem Gangl. Th 11 vorgelagerten Knoten im Ram. intergang. 10 führt ebenfalls ein Ästchen an den N. splanchnicus maj., und zwar an die Stelle, an welcher der *N. splanchnicus minor* von demselben abzweigt (in der Höhe von Th 11). Sowohl der splanchnicus major als der minor erhält je ein Ästchen aus dem Gangl. Th 11. Ein drittes, stärkeres führt isoliert zum Plexus coeliacus, nachdem es vorher ein Zweiglein an die Aorta abgegeben hat.

Der N. splanchnicus major tritt etwa in der Höhe von Th 12 in zwei Schenkel geteilt vor die Aorta zum Plexus coeliacus, nachdem er vorher eine kurze Anastomose aus dem Splanchnicus minor aufgenommen hat.

Den gleichen Verlauf hat der N. splanchnicus minor, der kurz bevor er vor die Aorta tritt, den erwähnten Ast aus dem Ram. intergangl. 12 und zwei weitere aus dem Gangl. L 1 aufnimmt.

Der Ursprung des N. splanchnicus minor ist also nach oben nicht genau abzugrenzen, da er zum Teil als Ast des Splanchnicus maj. auftritt. Eigene Wurzeln erhält er von Gangl. Th 11 und 12 und 2 vom Gangl. L 1.

Auf der rechten Seite zeigt der Grenzstrang im wesentlichen dieselben Verhältnisse, wie auf der linken. (Ich beschränke mich daher auf eine mehr summarische Beschreibung und verweise für jedes übrige Detail auf die bildliche Darstellung.)

Auch hier hat der Brustgrenzstrang bis Th 8 regelmäßig je ein segmentales Ganglion, nur ist hier der Ram. intergangl. 7 bereits gespalten und ebenso der Ram. intergangl. 8. Auch hier tritt der N. splanchnicus maj. aus dem achten Brustganglion und erhält breite Zweige aus dem Ganglion Th 9, 10 und 11, die nach unten zu immer erheblicher werden.

Auch auf dieser Seite entspringt der Splanchnicus minor aus dem major, von dem er sich wiederum erst unterhalb der Anastomose aus dem Gangl. Th 11 trennt und parallel zu ihm in die breite Ganglienmasse des Plexus coeliacus eintritt. Kurz vorher sendet der Splanchnicus maj. noch einen gesonderten Zweig zu diesem Plexus, von welchem ein Gefäßästchen zum Plexus aorticus abgeht.

Das neunte Brustganglion dieser Seite ist wiederum verdoppelt. Der aus zwei Wurzeln vom zugehörigen Spinalganglion entspringende Ram. communicans endigt jedoch im oberen Ganglion. Diese regelmäßige Verdoppelung der Grenzstrangganglien an der gleichen Stelle läßt einen Zusammenhang mit dem Abgang des N. splanchnicus vermuten.

Ebenso sind die Ganglien Th 10 und Th 11 doppelt vorhanden und haben 2 Rami communicantes, von denen der obere ins obere, der untere ins untere Grenzstrangganglion eintritt.

Von dem unteren Gangl. Th 11 zweigt ein kurzes Ästchen zu einem kleinen Ganglion ab, aus dem, wie aus dem Grenzstrangganglion selbst je ein Gefäßästchen zum Plexus der A. intercost. 11 bzw. zum Aortenplexus tritt. Letzteres Ästchen erhält einen Verbindungszweig aus dem Ganglion L 1. Von Ganglion Th 7 bis 10 gibt jedes ein Gefäßästchen an die zugehörige Intercostalarterie ab.

Das Ganglion Th 11 ist ganz besonders groß. Der Grenzstrang teilt sich unterhalb desselben in 2 Schenkel. In den lateralen ist ein kleineres Ganglion eingeschaltet, welches wir in Analogie mit der linken Seite als *Ganglion Th 12* ansprechen müssen.

Es hat eine dünne Anastomose mit dem elften Brustganglion und erhält zwei Rami communicantes, einen oberen aus dem elften Intercostalnerven und einen unteren aus dem zwölften, die beide unter sich und mit dem Intercostalplexus durch Anastomosen verbunden sind.

An den lateralen Schenkel des Grenzstrangs tritt hier noch ein Ram. communicans aus L 1, der mit der Ansa lumbalis 1 eine kurze Anastomose besitzt.

Das Ganglion L 1, in das die beiden Schenkel eintreten, liegt hier wie auf der linken Seite in Höhe des ersten spinalen Lumbalganglions, von dem es auch hier zwei Rami communicantes erhält. Es liegt weiter medial als die Brustganglien, wie schon bei der Beschreibung der anderen Seite hervorgehoben — und besitzt mit dem ersten Lumbalganglion der anderen Seite die starke Queranastomose.

Das Ganglion L 2 erhält vom ersten Lumbalnerven einen gespalten eintretenden Ram. communicans. Ebenso erhält es einen vom zweiten Lumbalnerven. Auch gibt es ein Ästchen an den Aortenplexus ab.

Der Ram. interganglionaris zwischen L 1 und L 2 ist geteilt und läßt die zweite Lumbalarterie durchtreten. Ebenso führt eine Schlinge vom oberen zum unteren Pol des *Ganglion L 3*, von dem ein Gefäßästchen zur A. lumbalis 3 und zum Plexus aorticus tritt. Das Ganglion erhält einen Ram. communicans aus L 3, ebenso wie das vierte Lumbalganglion einen aus L 4 erhält. Auch dieses ist, wie bemerkt, mit dem der anderen Seite durch eine ansehnliche Queranastomose verbunden.

Im oberen Teil des rechten Brustgrenzstrangs finden sich im großen und ganzen die gleichen Verhältnisse wie auf der linken Seite.

Das erste Brustganglion, das hier ziemlich ansehnlich ist, erhält einen Ram. communicans aus dem ersten Intercostalnerven.

Ein ziemlich ansehnlicher Ram. communicans tritt auch von der zum Plexus brachialis ziehenden Portion des ersten Thorakalnerven zum Ram. interganglionaris (C_8 — Th 1).

In medialer Richtung treten auch auf der rechten Seite die Nerven zur Pleura und den Gefäßplexus zumeist aus Schlingen ab.

Die oberste führt hier vom Ganglion cerv. 7 nach dem ersten Brustganglion und gibt mehrere Ästchen zum Plexus an der Pleurakuppel. Der nächste wird durch die Anastomose zwischen einem oberhalb des Ganglion Th 1 und einem aus dem unteren Pol desselben austretenden Ästchen hergestellt. Die beiden Ästchen anastomosieren mit dem vorigen, bilden zusammen den Plexus der Pleurakuppel und senden einzelne Ästchen zum Plexus der V. azygos.

Das Ganglion Th 2 erhält zwei Rami communicantes aus dem zweiten spinalen Brustganglion.

Vom ersten zum zweiten Brustganglion führt lateral vom Grenzstrang eine Schlinge, die mit dem Intercostalgeflecht zwischen 1. und 2. Intercostalnerven anastomosiert, und einen Ast vom zweiten spinalen Brustganglion erhält.

Eine ebensolche Schlinge, die mit dem Intercostalgeflecht zwischen zweitem und drittem Thorakalnerven anastomosiert, führt vom zweiten zum dritten Brustganglion. Von dieser zieht ein Gefäßnerv zum Plexus der Vena azygos und ein anderer die erste rechte Intercostalarterie entlang zur Aorta. Letzterer gibt einige Ästchen zur Pleura ab, die mit Ästchen aus dem rechten Vagusstamme unter der V. azygos anastomosieren (2 derselben sind auf Abb. 1 zu sehen, die übrigen auf Abb. 2). Zu diesem Plexus zieht ferner noch ein Ästchen, das von einem aus der Ansa thoracalis (3—4) entspringenden und ins Ganglion Th 3 einmündenden Nerven abzweigt. Von dieser Ansa entspringen zwei weitere Nerven, die zusammentretend, ebenfalls ins Ganglion Th 3 einmünden.

Zwischen dem Ganglion Th 4, 5 und 6 verläuft medial neben dem Grenzstrang eine Längsanastomose, von der Gefäßästchen zu den A. und V. intercost. 4 und 5 abgehen.

Das Ganglion Th 4 erhält einen breiten, das Ganglion Th 5 zwei feinere Rr. communicantes vom zugehörigen Spinalganglion.

Zum Ganglion Th 5 zieht ein aus der Ansa thorac. 5 entspringender Ast. Von diesem zweigt ein Ästchen nach medialwärts und läuft die vereinigte Vena intercost. 5 und 6 entlang zum Plexus der Vena azygos. Vom Ram. interganglionaris 6 entspringt ein Ästchen, das nach medialwärts einen Gefäßzweig zur A. intercost. 6 abgibt und ins Ganglion Th 7 einmündet. Aus derselben Stelle treten vier Ästchen heraus, von denen je zwei der Arteria und Vena intercostalis 7 entlang laufen und im Plexus der V. azygos bzw. der Aorta endigen.

Die nach unten folgenden übrigen Gefäßäste sind bereits beschrieben.

Zu erwähnen wären noch die beiderseits vorhandenen vielfachen Anastomosen zwischen je zwei aufeinander folgenden Intercostalnerven, die in der obigen Beschreibung als Plexus intercostalis bezeichnet sind, nicht alle präparatorisch erfaßt wurden und in der Fascia endothoracica liegen. Sie treten in mehrfache Beziehung zum Grenzstrang und seinen Ästen. In ihnen verlaufen wahrscheinlich zum Teil ebenfalls sympatische Nerven.

Nachdem wir *Hals- und Brustgrenzstrang* im wesentlichen beschrieben haben, wollen wir ihn nochmals im *Zusammenhang* betrachten:

Im Brustteil des sympathischen Grenzstrangs findet sich eine rein segmentale Anordnung der Ganglien. Das Gleiche ist der Fall im unteren Abschnitt des Halsgrenzstrangs bis zur Einmündung des Ram. communicans aus C. 4. Nach aufwärts findet sich dann bis zum oberen Halsganglion keine gangliöse Anschwellung mehr im Grenzstrang. Dafür liegen solche deutlich in den Ram. communicantes aus C_3 wie auch C_2; im ersteren Falle sogar ganz dicht am Grenzstrang. Ebenso besitzen fast alle nach unten folgenden Rami communicantes des unteren Halsgrenzstrangs eine oder mehrere gangliöse Anschwellungen. Bemerkenswert ist ferner, daß z. B. auf der linken Seite bei den stärkeren Rr. communicantes aus C_7 und C_8 die gangliöse Anschwellung in den Grenzstrang übergeht.

Auf Grund dieser Befunde erscheint die Annahme wahrscheinlich, daß diese in die Ram. communicantes eingelagerten Ganglien eigentlich Grenzstrangganglien darstellen, die nicht in diesen aufgenommen worden sind oder vielleicht noch besser, daß die Ganglien des Grenzstrangs ursprünglich den Rami. communicantes zugehörten, die später durch eine Längsanastomose verbunden, den Grenzstrang bilden.

Ist dieser Gedanke richtig, so ist auch der Halsteil des Grenzstrangs ebenso rein metamer angelegt wie der Brustteil, wobei wir das Ganglion cervicale sup. als nur einem obersten Halssegment zugehörig ansprechen, das mit dem Kopfabschnitt des Sympathicus verbunden ist. Die Anastomosen mit dem N. accessorius würden dann vielleicht als Rami communicantes des Kopfsympathicus anzusprechen sein. Mit dem Gesagten würde auch gut der seitliche Austritt des N. accessorius aus dem Rückenmark übereinstimmen, in Analogie mit dem Ursprung der Rami communicantes aus dem Seitenhorn des Rückenmarks.

Beschreibung des N. Vagus und seiner Äste.

Der linke wie der rechte Vagus besitzt nach dem Austritt aus der Schädelbasis je ein breites Ganglion nodusum, das vor und lateral vom Ganglion cerv. sup. liegt. Es liegt auf der lateral-hinteren Wand der A. carotis interna und läuft am unteren Pol in je einen ansehnlichen Nervus vagus aus (in Abb. 2 ist er, wie ich betonen möchte, in seiner richtigen Lage in den übrigen Bildern mehr minder stark seitlich verzogen dargestellt).

Der rechte N. vagus tritt eng verbunden mit dem N. glossopharyngeus aus der Schädelbasis aus. Sein Ganglion nodosum (s. Abb. 2 und 3) besitzt, wie bereits erwähnt, einige Anastomosen mit dem N. XI; es hat ferner drei sehr ansehnliche Anastomosen mit dem Ganglion cerv. sup., von denen die obere vom Ganglion nodosum aus nach oben, die unteren beiden nach unten gerichtet sind. Aus dem oberen Pol des Ganglion tritt gemeinsam mit einer Wurzel aus dem Ganglion cerv. sup. ein starker Ast nach vorne über die A. carotis int., der Ästchen zum Plexus carotic. communis und externus abgibt und schließlich in den Plexus der seitlichen Schlundwand einstrahlt.

Aus der Mitte der lateralen Kante des Ganglion nodosum geht ein starker Ast hervor, der mit einem Ast des Glossopharyngeus und einem Sympathicusast zusammen den Plexus der hinteren Schlundwand bildet.

Aus dem unteren Pol des Ganglion tritt ein starker N. laryngeus sup. heraus, der einen von der Mitte des Grenzstrangs aufsteigenden Ast aufnimmt und nach Abgabe eines Ästchens zum oberen Pol der Schilddrüse, das mit dem sympathischen, ebenfalls dorthin ziehenden Nerven zwei Anastomosen hat, im Bogen nach aufwärts zieht und dicht unterhalb des Zungenbeins die Membrana thyreo-hyoidea durchbricht. (Die A. laryngea durchbricht die Membran weiter oben und lateral.) In seinem Verlauf nimmt er den aus der Mitte des Ganglion cerv. sup. entspringenden sympathischen N. laryngeus sup. auf und gibt ein Ästchen nach oben an den Plexus der A. thyr. sup. und eine Anastomose an den, vom Ram. descendens XII horizontal abzweigenden Muskelast (Abb. 3).

Kurz nach seinem Austritt aus dem Ganglion nodosum sendet der rechte N. vagus ein Ästchen nach aufwärts zum Plexus carot. int. bezw. zum Glomus caroticum. Der Stamm verläuft dann weiterhin lateral von der A. carotis comm. und kreuzt in der Mitte des Halses den Grenzstrang. Ein gutes Stück unterhalb gibt er ein feines Ästchen an den Plexus caroticus communis ab, und kurz oberhalb der A. subclavia einen starken mit zwei Wurzeln entspringenden Ast zum rechten Herzplexus.

Direkt unterhalb der A. subclavia entspringt der *N. recurrens* dieser Seite, schlingt sich um das Gefäß herum und zieht in der Furche zwischen Oesophagus und Trachea nach aufwärts zum Kehlkopf (s. Abb. 2 und 5).

Er gibt in diesem Verlauf einige Äste ab, die in dorsaler Richtung ziehen und in den Plexus oesophageus post. einstrahlen. In seiner Mitte besitzt er zwei Anastomosen mit dem großen Ganglion cardiacum sup. dext. (Abb. 5). Einige Ästchen gibt er ferner zu dem zwischen Trachea und Oesophagus gelegenen Nervenplexus.

Zum Plexus der Vorderwand der Trachea ziehen in der Hauptsache Äste aus den beiden großen Nervi cardiaci des Sympathicus.

Kurz unterhalb des Kehlkopfes gibt der rechte N. recurrens endlich noch einige stärkere Äste ab, die nach oben in den Kehlkopf treten.

Der Stamm des rechten N. vagus verläuft dann nach unten und medianwärts und teilt sich oberhalb des Lungenhilus in der Hauptsache in einen vorderen Ast, der zur Chorda oesophagea post. zieht (um den alten Namen Chorda oesophagea beizubehalten. Er bezeichnet jedoch nichts anderes als eine stärkere Längsanastomose innerhalb des den unteren Oesophagus umgebenden Vagusgeflechts).

In diesem Abschnitt gibt der rechte N. vagus folgende Äste ab:

Dorsale Äste (s. Abb. 2).

Kurz unterhalb der Abzweigung des N. recurrens entspringen zwei median und rückwärts gerichtete Äste, die sich alsbald in mehrere Zweige aufteilen. Letztere ziehen zum Plexus oesophageus post. Die folgenden median und dorsal gerichteten Äste, die sich nach kurzem Verlaufe aufsplittern und vielfach miteinander anastomosieren, bilden mit entsprechenden des linken N. vagus die Fortsetzung des erwähnten Plexus zwischen Trachea und Oesophagus nach abwärts. Dieser Plexus ist wiederum durch feine Ästchen mit dem Plexus oesophageus post. verbunden.

Weitere dorsale Äste (Abb. 2) ziehen in lateraler Richtung an die Pleura mediastinalis heran, in welche sie eintreten.

Solche gehen ab: vom Vagus selbst eines an der Abgangsstelle des dritten ventralen Nerven (von oben!) (in Abb. 2 der erste, da die beiden oberen nach vorne abgehen) und eines von diesem Nerven selbst.

Beide sind unter sich und mit dem vom rechten nach lateral abzweigenden dorsalen Vagusästchen plexusartig verbunden. Sie haben Verbindungen mit dem Plexus der Pleurakuppe und der V. azygos. Das unterste dieser Ästchen steht außerdem in Verbindung mit dem Plexus der rechten Pleurakuppe und der V. azygos. Das unterste dieser Ästchen steht außerdem in Verbindung mit einem Sympathicusast, der nahe dem dritten Brustganglion entspringt und mit den nächstfolgenden beiden Pleuraästchen aus dem Vagus. Ein weiteres Pleuraästchen entspringt der vom rechten Vagus kommenden Wurzel der Chorda oesophagea post.

Diese Wurzel nimmt einen, von dem erwähnten sechsten Ast abgehenden, nach abwärts ziehenden Nerven auf, der einige Ästchen medialwärts zum Plexus oesophageus post. und lateralwärts zur Pleura mediastinalis abgibt. (Auf Abb. 2 ist der Übersichtlichkeit halber nur eines dargestellt.)

Nach vorne und medianwärts verlaufende Äste:

Die obersten beiden entspringen mit (Abb. 2, 3 und 4) mehreren Wurzeln teils aus dem N. recurrens, teils aus dem Vagusstamm.

Der erste von oben (s. auf Abb. 6) entspringt mit einer Wurzel aus dem N. recurrens und einer aus dem Vagusstamm. Er verläuft sogleich nach vorne über die Trachea bzw. den rechten Hauptbronchus hinweg und tritt dicht unter der Einmündungsstelle der V. azygos in die V. cava sup. durch das Pericard. an die Wand des letztgenannten Gefäßes, auf welchem er nach abwärts zum rechten Vorhof verläuft und sich verzweigt. Von oben her erhält er einige Anastomosen aus dem Plexus der Vena anonyma.

Unmittelbar zwischen linkem und rechtem Vorhof anastomosiert er mit dem nächstfolgenden Vagusast (2).

Dieser entspringt mit einer doppelten Wurzel aus dem N. recurrens und einer einfachen aus dem Vagusstamm, gibt über dem rechten Hauptbronchus ein Ästchen zum vorderen Trachealplexus hinauf und zieht dann über den medialen Teil des vorderen rechten Lungenhilus hinweg, gleichfalls das Pericard durchbohrend in die Furche zwischen rechten und linken Vorhof, wo er mit dem Ast 1 anastomosiert. Er ist dünner als dieser.

Die beiden folgenden breiten Äste (Abb. 2, 3 und 6, in Abb. 2 die ersten beiden von oben!), die aus dem Vagusstamme entspringen, ziehen zunächst lateral an der Hinterwand der Trachea (Abb. 2) und biegen dann nach vorne und medianwärts um, wo sie durch eine Anastomose miteinander verbunden sind. Der obere (3) schickt ein Ästchen nach aufwärts zur rechten Seite des vorderen Trachealplexus, spaltet dann einen schwächeren Ast ab, der durch zwei Anastomosen mit diesem Plexus in Verbindung steht (Abb. 6) und an die Grenze zwischen linkem und rechtem Vorhof mit Ast 1 anastomosiert.

Er zieht dabei nicht wie die beiden eben erwähnten Äste über den vorderen Lungenhilus, sondern legt sich mit Ast 2 an das Pericard an und durchtritt es unterhalb des Ram. dexter der A. pulmonalis.

Diese topographischen Verhältnisse, sowie das Pericard sind natürlich auf Abb. 6 nicht mehr vorhanden, da das Pericard abpräpariert und das Herz stark verlagert wurde. Zum Teil sind diese Verhältnisse aus Abb. 3 zu ersehen, jedoch nur soweit die Nerven außerhalb des Pericards liegen, das dort noch erhalten ist.

Die Äste 3 und 4 haben über dem Ram. dexter der A. pulmonalis liegend zwei Anastomosen miteinander (Abb. 3 und 6). An derselben Stelle tritt ein Ästchen aus dem Plexus des linken Hauptbronchus in den oberen Ast ein und gibt dieser eine Anastomose zu dem noch zu beschreibenden ansehnlichen Vagusast über dem linken Vorhof.

Ast 4 erhält ferner ein Ästchen aus dem dorsalen vom rechten Vagus an die oberste V. pulmonalis dext. herantretenden gegabelten Ast 5, der weiter unten aus dem Stamm des Nerven entspringt (Abb. 2 und 6). Er zieht zwischen Ram. dext. der A. pulmonalis und der obersten V. pulm. dext. hindurch zum vorderen rechten Lungenhilus, wo er in den Ast 4 einmündet. Vorher erhält er noch ein Ästchen, außerdem die medialwärts zur Bifurkation ziehenden Zweige des rechten Vagus. Nach vorne gibt er ein feineres Ästchen ab, das sich mit einem an der Hinterseite des rechten Bronchus zum Hilus ziehenden Vagusästchen verbindet, dann mit Ast 4 und dem linken Vorhofgeflecht anastomosiert.

Der so entstandene Ast verzweigt sich von hinten her über den zentralen Teilen der Vv. pulmonales dextrae wie Ast 4 von vorne her. Die Verzweigungen beider stehen in mehrfacher Verbindung miteinander. Dieser unbezeichnete Ast sendet ferner noch einen Ausläufer zum Plexus der lateral hinteren Wand der V. cava inf.

Bevor ich nun die Beschreibung der Äste folgen lasse, die aus dem um den unteren Oesophagusabschnitt liegenden Geflecht der beiderseitigen Nn. vagi hervorgehen, und direkt zum Vorhof und zu den beiderseitigen Pulmonalvenen ziehen, möchte ich die Beschreibung der beiden *Chordae oesophageae* und ihrer Bildung geben.

Betrachten wir die beiden Nn. vagi von hinten (Abb. 2), so sehen wir, daß die Anastomosen zwischen beiden nach abwärts zu immer häufiger werden. Schließlich spaltet der rechte wie der linke Vagusstamm (Abb. 2) etwa in der Höhe der Bifurkation je in einen stärkeren oberen vorderen Schenkel ab, die um den vorderen Umfang des Oesophagusstamm eine Schlinge bilden, aus der etwas rechts von der Medianlinie die *Chorda oesophagea ant.* hervorgeht.

An diese Schlinge geht vom rechten Vagus noch ein Teilast, der mit der Schlinge durch eine Anastomose verbunden ist, und in die Ursprungsstelle der Chorda oesophagea ant. einmündet. In die gleiche Stelle mündet ferner noch ein stärkerer Zweig aus dem rechten Vagus, der weiter oben entspringt und mit den übrigen nach medial abzweigenden Ästen, die schon beschrieben wurden, sich an dem Plexus der hinteren Trachealwand beteiligt. Von ihm geht ein schwächerer oberer, wie von der Ursprungsstelle der Chorda oesophagea ant. ein stärkerer unterer Ast ab, die, durch zwei Anastomosen miteinander verbunden, zur Mitte des linken Vorhofes ziehen, beide anastomosieren auch mit Ast 4 (s. Abb. 6).

Vom oberen Ast zweigt an der Stelle der ersten Anastomose ein nach der oberen Hälfte des linken Vorhofs ziehender und sich dort verästelnder Zweig, der bogenförmig verlaufende Anastomosen mit dem unteren stärksten zum linken Vorhof ziehenden Ast bildet. Dieser sendet einen großen Teil seiner Endzweige zur Einmündungsstelle der Vv. pulmon. dextrae in den linken Vorhof. Er erhält unterhalb der zweiten Anastomose mit dem oberen ein Ästchen, das aus dem hinteren Schenkel des linken Vagus entspringt, der neben der Chorda oesophag. auf dem Oesophagus herabzieht. Dieses Ästchen spaltet einen Zweig ab, der sich wie der, neben ihm entspringende von vorne her um die Vv. pulmonales sinistrae herumschlingt. Die Verästelungen der beiden bilden mit den Zweigen aus den erwähnten bogenförmigen Anastomosen und dem untersten Ast zum linken Vorhof den Plexus an der unteren Partie desselben. Der letztere Ast sendet ferner noch mehrere Zweige zu den Vv. pulmonales dextrae und endigt in Plexus der V. cava inf.

Auch vom Stamme des linken Vagus (Abb. 6) treten mehrere dünne Äste zum Geflecht des linken Vorhofs. Sie entspringen etwas unterhalb des Abgangs des linken Recurrens und ziehen zwischen dem Ram. sinister der A. pulmonalis und den Vv. pulmonales sinistrae hindurch, durchbohren das Pericard und ziehen an die Hinterseite der linken Aurikel, wo sie miteinander anastomosieren, feine

Ästchen an diese abgeben, und endigen in Anastomosen mit dem oberen Teil des linken Vorhofplexus.

Diesen beiden Ästen gesellen sich an der Hinterseite der linken Aurikel einige Ästchen aus dem Geflecht an der Vorderwand des linken Hauptbronchus zu, von dem auch ein Zweig an einen der zum linken Vorhof ziehenden großen Vagusaste herantritt; einige Zweiglein ziehen bis zu den Stümpfen der Vv. pulmonales sinistrae herüber.

Der Stamm des linken Vagus spaltet sich in Höhe der Bifurkation in drei größere Äste. Der oberste bildet mit einem entsprechenden aus dem rechten Vagus die Chorda oesophagea ant., der mittlere, mit dem oberen durch mehrere Anastomosen verbunden, zieht mehr an der linken Seite des Oesophagus nach abwärts und der untere teilt sich gleich nach dem Abgang aus dem Vagus in mehrere Äste auf, die sich zum Teil wieder vereinigen und mit den vereinigten unteren Ästen des rechten Vagus zusammen (s. Abb. 2) die *Chorda oesophagea post.* bilden.

Diese zieht an der linken Hinterseite des Oesophagus nach abwärts. Ihre Äste bilden zusammen mit den beiden Schenkeln, aus denen sie entsteht, den ansehnlichen Plexus oesophageus post.

Aus dieser Beschreibung ergibt sich, daß es einen rechten und linken Vagusstamm im unteren Oesophagusabschnitt nicht gibt, sondern nur ein Geflecht, in dem ein vorderer und ein hinterer stärkerer Längszug als Chorda bezeichnet wird. Da hierbei eine innige Durchflechtung von rechten und linksseitigen Fasern statthat, ist es verkehrt, wenn man angibt, die vordere Magenwand würde vom linken, die hintere vom rechten Vagus innerviert. In Wirklichkeit hat eine derartige Verflechtung stattgefunden, daß beide Magenwände von beiden Vagi versorgt werden. Dieses gleiche Verhalten ist auch beim Menschen gefunden und schon von *Walter* beschrieben worden.

Dorsale, zum Lungenhilus ziehende Vagusäste:

Außer den beschriebenen, zum linken Vorhof und zu den zentralen Stümpfen der Vv. pulmonales ziehenden Ästen (Abb. 6) zweigen vom Brustteil der beiden Nn. vagi bzw. ihren Ästen zur Chorda oesophagea ant. und post. in lateraler Richtung einige Äste ab, die sich zu einem ansehnlichen Plexus um die peripheren, zur Lunge führenden Teile der Vv. pulmonales beider Seiten vereinigen und am Lungenhilus mit diesen Gefäßen in die Lunge eintreten.

Diejenigen Äste des rechten Vagus, die zu den Bronchien ein gleiches Verhalten zeigen und zum vorderen Lungenhilus ziehen, sind bereits beschrieben.

Vom linken Vagus zweigen von der Stelle des Recurrensabganges ein mit zwei Wurzeln entspringender Ast und an der Teilungsstelle des linken Vagus zwei weitere Äste nach lateralwärts ab und ziehen mit dem Ram. sinister der A. pulmonalis zum linken Lungenhilus.

Von dem Geflecht der untersten Äste des linken Brustvagus, die zum linken Schenkel der Chorda oesophagea post. zusammentreten, zweigen ebenfalls zahlreiche plexusartig verbundene Äste nach lateralwärts ab zum linken Lungenhilus. Der oberste derselben spaltet sich in zwei Ästchen, die sich mit denjenigen am Ramus sin. der A. pulmonalis vereinigen.

Der unterste dieser lateralwärts ziehenden Äste, der aus dem Plexus oesophageus post. sin. entspringt, schlingt sich um die unterste V. pulmonalis herum und tritt in den Plexus der Vorderseite ein.

Die vom rechten Vagus zum rechten Lungenhilus bzw. zur Hinterseite der rechten Venae pulm. ziehenden Nerven zweigen zum größten Teil von den, zum rechten Schenkel der Chorda oesophagea post. zusammentretenden Ästen ab, und bilden einen Plexus an der Hinterwand der rechten Pulmonalvenen, zum kleineren Teil treten sie aus den, vom rechten Schenkel nach abwärts ziehenden Ästen und vereinigen sich nach aufwärts ziehend mit dem genannten Plexus.

Weitere Beschreibung des linken N. Vagus.

Der linke Recurrens zweigt vom Stamme bedeutend tiefer ab als der rechte, und zwar etwas oberhalb der Bifurkation.

Gleich nach dem Abgang erhält dieser aus dem Stamm einen kleinen Ast, der etwas unterhalb des Recurrens entspringt, schlingt sich dann um die Aorta herum und tritt nach hinten an den linken Hauptbronchus heran.

In seinem Verlaufe gibt er ab:

(Abb. 2.) *Dorsale Äste* 10 an der Zahl zum Plexus der hinteren Oesophaguswand. Diese bilden vielfach Schlingen miteinander, von denen Ästchen zum genannten Plexus treten.

Ventrale Äste. Zwei derselben ziehen hinter der Aorta zum tiefen Herzplexus (Abb. 5), die übrigen treten an den Plexus des linken Hauptbronchus und zur Vorderwand der Trachea. Der unterste entspringt etwas unterhalb des Recurrensabganges und bildet eine Schlinge mit dem ersten aus dem Recurrens kommenden ventralen Ast, welche mit dem Plexus bronchialis sin. durch einige Zweige verbunden ist (Abb. 6).

Die nächsten beiden ventralen Äste, die zur Trachea ziehen, entspringen in der Mitte aus dem Recurrens. Unterhalb des linken Schilddrüsenlappens verlassen ebenfalls zwei ventrale Ästchen diesen Nerven. Der untere zieht nach abwärts zum Trachealplexus, der obere steil nach aufwärts zur Schilddrüse und verbindet sich mit einem Ästchen aus dem Trachealgeflecht.

An Anastomosen mit dem Sympathicus hat der linke Recurrens außer den beiden Ästen, die zum tiefen Herzplexus ziehen, noch eine weiter oben mit einem, aus dem Gangl. cardiacum sup. entspringenden Herzast (5), ferner erhält er eine oberhalb dieses Ganglions aus dem großen N. cardicus dieser Seite und eine ebensolche kurz unterhalb der Schilddrüse. Auch bekommt er eine Anastomose aus dem Grenzstrang.

Aus dem linken Vagusstamm treten oberhalb des Recurrensabgangs drei Äste (Abb. 4).

Der oberste, am meisten medial entspringende, teilt sich alsbald in zwei kleinere Ästchen, von denen der obere sich zum Plexus an der linken unteren Hälfte der Thymus begibt, der untere dagegen das Pericard durchbohrend zum Plexus der A. pulmonalis zieht. Die beiden lateral entspringenden Vagusäste bilden zusammen den Plexus über der Vorderseite des Ram. sinister der A. pulmonalis und der Vv. pulmonales sin., mit denen Äste zur linken Lunge ziehen. Von diesem Plexus zweigt oben und unten (Abb. 4) je ein Ästchen nach medialwärts ab, welche sich beide an der lateral-unteren Hälfte des linken Pericards verzweigen.

In dem Stück zwischen der Abgangsstelle der A. mammaria int. und dem Ramus sin. der A. pulmonalis gibt der linke Vagus zwei feinere Ästchen an den Plexus der A. subclavia sin. ab. Oberhalb der A. mammaria int. besitzt er noch eine, mit zwei Wurzeln entspringende stärkere Anastomose mit der unteren Wurzel des linken großen N. cardiacus.

Auch in Höhe des Kehlkopfes zweigen von ihm zwei Gefäßästchen zum Plexus der A. carotis communis ab.

Nachdem wir nun am linken Ganglion nodosum angelangt sind, soll dieses beschrieben werden.

Das linke Ganglion nodosum liegt vor und lateral vom Ganglion cerv. sup., mit dem es 5 breite Anastomosen hat, deren unterste am mächtigsten ist. Von der Mitte seiner lateralen Kante sendet es zwei Ästchen an den Carotisplexus in der Gegend der Teilung (Abb. 4). Vom oberen Pol treten zwei Anastomosen zum N. accessorius, ebenso eine vom unteren Pol. Von derselben Stelle tritt auch ein Zweig zum Stamm des N. hypoglossus. Aus dem oberen Pol tritt ferner noch ein feineres Ästchen zu dem kleinen Ganglion im Plexus caroticus int.

Ehe wir nun uns dem Herzplexus im Zusammenhang zuwenden, halte ich es für zweckmäßig, die Innervation der Arterien und großen Venen im Zusammenhang zu beschreiben, was eigentlich selbstverständlich erscheint, da das Herz nur ein Teil des Gefäßsystems ist.

Diese Einteilung ergab sich ganz zwangsläufig aus der Nervenverteilung, da einige Gefäßäste sich ganz weit oben z. B. vom Glomus caroticum von den Gefäßästen zum Herzplexus begaben.

Beschreibung der Gefäßinnervation *linke Seite* (s. Abb. 4).

Im Mittelpunkt des um die Carotisteilung liegenden Gefäßplexus liegt das *Glomus caroticum*.

Es ist ein etwa 2 mm dicker Knoten, der hinter dem Teilungswinkel der A. carotis communis dicht an der Gefäßwand liegt. Er ist namentlich von hinten her von starken Nervenästen umsponnen, sodaß er etwas größer erscheint (s. Abb. 4). Vom Ganglion cerv. sup. her erhält das Glomus die beiden kurzen, dicken Äste, die sich über ihm vereinigen und ihn von hinten gesehen völlig verdecken (s. Abb. 1 und 2). Ferner erhält es von oben her zwei Ästchen aus dem vom Ganglion cerv. sup. kommenden Ast, der parallel zum N. glossopharyngeus verläuft und mit diesem anastomosiert (vgl. Abb. 2 und 4). Aus dem Glomus tritt hinten ein starker unterer Ast aus, der sich um den unteren Umfang der A. carotis ext. herumschlingt und von vorne her wieder ins Glomus eindringt. Drei weitere, schwächere Ästchen ziehen vom Glomus an die Hinterwand der A. carotis ext. und bilden den hinteren Teil ihres Plexus. Zu diesem gesellt sich auf der Vorderseite ein Zweig aus dem vorher erwähnten dickeren Ast und einer, der oben aus dem Glomus austritt. Von hinten her tritt noch ein Ästchen aus dem eben erwähnten, vom oberen Halsganglion ausgehenden Ast.

Der Plexus caroticus ext. setzt sich nach oben in den Plexus der A. maxillaris ext. fort, der einen Ast aus dem N. facialis und zwei aus der Anastomose des Facialis mit dem N. glossopharyngeus erhält. Nach hinten und aufwärts zweigen feinere Ästchen von ihm ab, welche die *A. pharyngea ascendens* umspinnen. Nach medial vorne zweigt der *Plexus der A. lingualis* und von diesem nach abwärts der *Plexus der A. thyreoidea sup.* ab. Dieser erhält in seinem oberen Teil feine Verbindungszweige vom Plexus der lateralen Pharynxwand her, im mittleren Teil von den zum oberen Pol der Schilddrüse ziehenden Nerven und auf dieser selbst zwei Zweiglein aus der Ansa hypoglossi. Vom Geflecht der oberen Schilddrüsenarterie zweigt, mit dem Gefäß ziehend, der die A. laryngea sup. begleitende Nervenplexus ab. Dieser erhält zwei feine Ästchen nach aufwärts, aus dem in dasselbe Foramen eintretenden N. laryngeus sup.

An der lateral vorderen Wand der A. carotis int. ziehen vom oberen Teil des Glomus caroticum drei mehrfach untereinander und mit den Ästen, die von oben her ins Glomus eintreten, verbundene Ästchen. Zu diesen gesellen sich jene beiden, die aus der lateralen Kante des Ganglion nodosum entspringen (Abb. 4). Von der Stelle, an der sie in den Plexus caroticus int. eintreten, ziehen zwei Ästchen nach oben, die mit dem benachbarten anastomosieren und in ein kleines Ganglion eintreten. Dieses steht in kurzer aber breiter Verbindung mit einem gleichfalls an der lateral-hinteren Wand der Carotis interna gelegenen, mehrfach erwähnten Ganglion, das aus dem Ganglion cerv. sup. und dem Ganglion nodosum je einen Ast erhält und mehrere plexusartig verbundene Nerven mit der Carotis interna zur Schädelbasis schickt; dieses obere Ganglion ist auch durch Verbindungszweige mit den vom Glomus caroticum zur A. carotis int. ziehenden Gefäßnerven verbunden.

Kurz vor dem Eintritt der A. carotis int. in die Schädelbasis gesellt sich zu den Nerven an der medial-hinteren Wand des Gefäßes der früher erwähnte, aus dem Grenzstrang entspringende, über das obere Halsganglion senkrecht hinaufziehende Nerv, der kurz vor dem Eintritt in den Canalis caroticus ein Ästchen aus dem Ganglion nodosum erhält.

An die Vorderseite der A. carotis communis (Abb. 4) treten vom unteren Pol des Glomus caroticum ein stärkeres Ästchen, das sich mit einem zweiten aus dem oberen Pol des Glomus verbindet. Beide haben Anastomosen mit dem Plexus carot. int.

An das letztgenannte Ästchen treten die beiden Äste aus dem Ganglion nodosum heran. Auch von dieser Stelle ziehen zwei Ästchen parallel dem aus dem Glomus caroticum nach abwärts und verbinden sich zu einem Plexus. Dieser erhält an der Grenze zwischen oberen und mittleren Drittel der Carotis die beiden Gefäßäste aus dem Stamm des linken Vagus, von denen sich der obere an die Hinterwand, der untere an die Vorderwand des Gefäßes begibt. In dieser Höhe tritt auch ein stärkerer Ast an die Carotis heran, die durch Verbindung eines Ästchens aus dem Glossopharyngeus und eines aus dem Ram. descendens hypoglossi entsteht. Dieser sendet mehrere Zweiglein zum Plexus caroticus und zieht dann weiter nach abwärts dem Aortenplexus zu. Auf diesem Wege erhält er zwei Anastomosen aus Zweigen, die von dem großen linken N. cardiacus abgehen. Von dem großen Nervenstamm, der von C_2 ausgeht und auf Abb. 4 die Carotis communis überquert (= Ram. cervicalis 2, des N. XII), gehen keine Äste zum Plexus dieses Gefäßes. Wir haben somit eine direkte Verbindung des N. hypoglossus mit dem Plexus cardiacus vor uns, was dem Begriff des N. cardiacus hypoglossi der alten Anatomen entspricht.

Ob es sich dabei um Sympathicus oder Vagusfasern handelt, kann makroskopisch nicht entschieden werden. Jedenfalls handelt es sich um einen Ram. card. sup., der auch im Vagus, im Grenzstrang oder als gesonderter Nerv verlaufen kann.

Ich verweise damit auf das in der Einleitung gesagte, daß im vegetativen Nervensystem die einzelnen Bahnen makroskopisch außerordentlich wechselnd verlaufen können.

In der Mitte der A. carotis communis verläßt ein Ästchen deren Plexus und zieht zum unteren Schenkel der Ansa hypoglossi. Von diesem Ästchen zweigt eines ab, das ein Zweiglein an den unteren Pol der Schilddrüse abgibt und dann zum Herzplexus weiterzieht.

An die Hinterseite der A. carotis communis (Abb. 2) tritt von oben her ein Ästchen aus dem Glomus caroticum. Ferner treten zwei aus dem Ganglion cerv. sup., die alle senkrecht nach abwärts ziehen und miteinander und dem Plexus der Vorderseite anastomosieren.

Verfolgen wir den Plexus caroticus nach abwärts, so sehen wir, wie vor seinem Geflecht noch ein kleines Ganglion vorhanden ist, das etwas unterhalb des Ganglion 4 nahe am Grenzstrang liegt. Es ist dies eine Verbindungsstelle von Zweigen, welche zum N. cardiacus sin. zum Ductus thoracicus und zum Plexus caroticus ziehen.

Zwei kleine Ästchen treten aus diesem Ganglion: Das obere nach oben, das untere nach unten zum Carotisplexus.

Schließlich tritt noch aus dem linken Ganglion card. sup. ein Ast nach hinten zur Carotiswand, der nach aufwärts zieht. Er verbindet sich mit einem Ästchen aus dem von diesem Ganglion zur Trachea ziehenden Nerven.

Die A. vertebralis besitzt auf ihrer Hinterseite einen von oben bis unten durchgehenden Nervenstrang, den N. vertebralis der Autoren. An ihrer Vorderwand befindet sich ein Nervengeflecht, das nicht bis hinauf zu verfolgen ist und damit aufhört, daß seine Äste in den N. vertebralis eintreten.

Der N. vertebralis erhält segmentale Zweige teils aus den Spinalganglien, teils aus den Spinalnerven, was natürlich im Prinzip keinen Unterschied macht.

Der Plexus an dem unteren Teil der A. vertebralis erhält seine Bezüge aus den Rami communicantes selbst oder aus sympathischen Ganglien.

Im einzelnen ist der Aufbau folgender:

An der Hinterwand des Gefäßes (s. Abb. 1 und 2) zieht der, aus dem Ganglion im Ram. communicans aus C_6 entspringende N. *vertebralis*. Er erhält Zweige aus den Spinalnerven = bzw. Ganglien $C_{6, 5, 4, 3}$ und C_1 (C_2 ist nicht gefunden worden) und hat mehrere Anastomosen mit dem *Plexus an der vorderen Wand der A. vertebralis*.

Dieser setzt sich zusammen aus Ästen, die von den Rami communicantes, aus den, in diese eingeschalteten oder dem Grenzstrang vorgelagerten Ganglien heraustreten. In Höhe des Ganglions 4 (Abb. 4) treten von dem Ram. communicans aus C_5 zwei Ästchen nach oben, die plexusartig untereinander und mit dem N. vertebralis auf der Rückseite des Gefäßes verbunden sind. Von dem gleichen Ram. communicans treten aus der Stelle, an der zwei Äste aus C_6 in ihn eintreten, zwei Nerven heraus, die nach abwärts ziehen: Der mediale — bereits bei der Beschreibung des Halsgrenzstrangs erwähnt — zieht im Bogen unter der A. vertebralis hindurch und mündet in den hinteren Schenkel der Ansa subclavia. Er gibt zwei Ästchen zu einem nach medialwärts verlaufenden Zweig aus dem kleinen Ganglion, das im Verlauf der beiden Rr. communicantes von C_6 liegt. Der laterale zieht an der lateral vorderen Seite des Gefäßes herab. Ein ebenfalls lateral an der A. vertebralis nach oben verlaufender Zweig aus dem kleinen Ganglion ist mit dem an der medialen Seite verlaufenden Nerven durch zwei kurze Anastomosen verbunden. An die obere, wie an die untere zieht je ein Ästchen aus einem, dem Grenzstrang vorgelagerten kleinen Ganglion, das durch drei kurze Ästchen mit dem Ganglion 8 verbunden ist. Von dem untersten derselben, wie von dem unteren Ende von Ganglion 8 zieht je ein Ästchen zu den beiden erstgenannten.

Der laterale, die A. vertebralis herabziehende, mit dem Zweig aus Ganglion 8 verbundene Ast bildet mit einem aus dem vorderen Schenkel der Ansa subclavia und einem aus deren Anastomose mit dem N. phrenicus eine weite, über der A. subclavia gelegene Schlinge von der nach aufwärts der Gefäßplexus der A. subclavia (vorne), der A. transv. scap. (hinten) und nach vorne und abwärts der Plexus der A. mammaria int. abgehen.

Der mediale lange Gefäßast hat mit dieser Schlinge eine Anastomose und zieht dann zum *Plexus am unteren Teil der A. subclavia*. Zu diesem treten von oben her einige Ästchen aus der um die A. subclavia ziehenden Ansa, von medialwärts 2 Ästchen aus dem linken Vagusstamm und von der lateralen Seite 3 Ästchen aus dem Grenzstrang, von denen das oberste unter dem Ganglion 8, das mittlere aus dem Ram. intergangl. (C_8—Th I) und das untere aus dem 2. Brustganglion entspringt (auf Abb. 1 und 2 sind diese Äste nicht sichtbar).

Zu erwähnen wäre noch das im Plexus der A. transversa scap. gelegene, ansehnliche Gefäßganglion. Es erhält außer den Verbindungen mit den Ästen des Gefäßplexus eine Wurzel aus C_5, eine aus der mittleren Phrenicuswurzel und 2 sich überkreuzende aus Ganglion 5 des Halsgrenzstrangs.

Der Plexus der V. jugularis int.

Der bereits mehrfach erwähnte Ast aus dem N. glossopharyngeus, der über die vordere Wand der V. jugularis int. im oberen Teil herabzieht, gibt einige Ästchen an den Plexus dieses Gefäßes ab. Einige dieser vereinigen sich und treten im unteren Drittel des Halses zum Plexus der A. carotis communis über.

An die Hinterwand der V. jugularis int. treten (siehe Abb. 2) im oberen Teil ein Ästchen aus dem Ganglion nodosum, ferner aus dem obersten Ram. communicans des Ganglion cerv. sup. 2 Ästchen nach aufwärts, aus den beiden, in den untersten Ramus communicans eingeschalteten Ganglien je 2 Ästchen nach abwärts, die miteinander anastomosierend, den Hauptteil des Plexus an dieser Stelle bilden. Das Mediale dieser Ästchen tritt weiter unten in den obersten kurzen Verbindungsast des Ganglion 4 ein und steht hier offenbar mit dem Grenzstrang in Verbindung.

Die weiteren Äste zu den großen venösen Gefäßplexus (siehe Abb. 4).

Wenden wir uns nun den *Nervenplexus der Arterien der rechten Seite* zu.

Das Glomus caroticum der rechten Seite besitzt die gleiche Lage zur Carotisteilung wie das linke und ist etwas größer als dieses.

Auch hier treten 2 kurze breite Äste aus dem unteren Pol des Ganglion cerv. sup. ins Glomus ein. Von oben her erhält es einen Ast aus dem N. glossopharyngeus. 2 weitere entspringen ebenfalls diesem Nerven und ziehen zunächst zum Plexus caroticus internus, um dann in die obere Wurzel des oberen Halsganglions einzutreten (Abb. 3). Der oberste Ast aus dem Ganglion nodosum, der unterhalb des Glossopharyngeus und diesem parallel verläuft, gibt ebenfalls ein Ästchen zur oberen Kante des Glomus ab.

Vom unteren Pol des Glomus treten auf dieser Seite 2 stärkere Äste medialwärts, von denen der obere sich um die A. carotis interna herumschlingt und von vorne her wieder ins Glomus eindringt, der untere dagegen zum Plexus der A. carotis ext. zieht.

Der Plexus caroticus ext. erhält aus dem oberen Pol des Glomus caroticum einen starken Ast, der eine breite Anastomose aus dem erwähnten Ast vom Ganglion nodosum aufnimmt, sich kurz vor dem Abgang der A. maxillaris ext. verzweigt und Fasern zum Plexus dieses Gefäßes entsendet.

Dieses Geflecht bzw. der Plexus der A. auricularis post. erhält einige Anastomosen aus dem Stamm des N. facialis.

Offenbar treten von allen Seiten Ästchen in das Glomus ein.

Zwei feinere Nerven ziehen vom Glomus nach medialwärts über die A. carotis ext. Diese vereinigen sich an ihrer Unterseite und nehmen ein Ästchen aus dem Ram. descendens hypoglossi und einen aus dem Plexus caroticus auf und bilden mit den Verzweigungen des an der oberen Seite des Gefäßes verlaufenden stärkeren Nerven zusammen den Plexus über der *A. maxillaris int.* und der *A. lingualis.* Von letzterem Plexus zweigen wie von dem an der Unterseite der A. carotis ext. verlaufenden Nerven mehrere Ästchen nach abwärts, welche das die *A. thyreoidea sup.* begleitende Geflecht bilden. Dieses nimmt im oberen Teil außer dem einen mit 2 Wurzeln aus dem sympathischen N. laryngeus sup. entspringenden Ast, noch einen kurzen, aus dem vereinigten N. laryngeus sup. auf. Im unteren Teil des Plexus der A. thyr. sup. gesellen sich Zweiglein aus dem vom N. laryngeus sup. abgehenden Ast zum oberen Pol der Schilddrüse hinzu.

Der Plexus carot. int. der rechten Seite erhält auf der Hinterwand 3 vom oberen Pol des Ganglion cerv. sup. ausgehende, durch Anastomosen verbundene Nerven, die mit dem Gefäß in die Schädelbasis eintreten. Vom lateralsten derselben zweigt ein Ästchen ab, das zur V. jugularis int. zieht. Zum Plexus der Vorderwand tritt von unten her ein Ästchen aus dem N. vagus, das unterhalb des Ganglion nodosum entspringt. Es vereinigt sich mit einem vom Glomus caroticum lateralwärts zur Hinterwand ziehenden Ästchen.

An die gleiche Stelle des Plexus caroticus int. zieht ein Zweig des vom N. IX zum Glomus caroticum ziehenden Ästchens. Es hat einen Verbindungszweig mit der Anastomose des N. accessorius zum oberen Halsganglion und einen zweiten mit dem aus dem Stamm des N. hypoglossus entspringenden Astes, der zur seitlichen Schlundwand zieht und vorher 2 Ästchen aus dem Ganglion nodosum und eins aus dem oberen Halsganglion des Sympathicus erhält. Von der oberen Wurzel des Glomus caroticum aus dem Ganglion cerv. sup., die an der medialen Wand der A. carotis int. (in Abb. 3) zum Vorschein kommt, führen 2 Anastomosen nach aufwärts zum N. glossopharyngeus, ferner 2 Nerven, die unter sich und mit dem Plexus der Hinterwand durch mehrfache Anastomosen verbunden, den Plexus an der Vorderseits der A. carotis interna bilden.

Der Plexus caroticus communis dext.

Auf der *Hinterseite* treten 2 Ästchen aus dem unteren Pol des Ganglion cerv. sup. und eins aus dem von diesem Ganglion austretenden Ast, der sich um die A. maxillaris ext. herumschlingt nach abwärts, und anastomosieren miteinander. Eines dieser Ästchen tritt in das kleine Ganglion in der Mitte der Schilddrüse, von dem ein Ast nach abwärts zieht und in den großen Nerv. cardiacus dieser Seite einmündet. Dieser Ast gibt einen Gefäßnerven an den Plexus. Von dem N. cardiacus treten ebenfalls 3 feine Nerven nach aufwärts zum Plexus caroticus.

Auf die Vorderseite sendet das Glomus caroticum 2 Äste nach abwärts: einen medialen und einen lateralen, die beide Anastomosen vom N. hypoglossus her erhalten, und zwar der laterale vom Stamm des Nerven selbst, der mediale von dessen Ramus descendens. Unterhalb des Eintritts dieser Anastomosen teilen sich beide in abwärts laufende Ästchen, die unter sich anastomosierend den Hauptteil des vorderen Carotisplexus darstellen.

Etwa in Höhe des rechten Ganglion card. sup. tritt noch ein Ästchen aus der Anastomose zwischen Vagusstamm und dem Ganglion card. sup. nach aufwärts an den Teilast aus dem Glomus caroticum der sich auf der A. carotis bis herunter verfolgen läßt, der weiter unten aus dem lateralen Ast des Gangl. card. sup. (Abb. 5) wie aus diesem selbst je einen Zweig erhält und schließlich in ein an der Teilungsstelle der A. anonyma gelegenes Ganglion aorticum sup. einmündet.

In dieses Ganglion treten noch mehrere Ästchen des Geflechts der A. carot. communis dext. und sinist. ein, darunter 2 aus Zweigen vom Ganglion card. sup. sin.

Der Plexus der rechten A. vertebralis.

Auf der rechten Seite finden wir wiederum hinter der A. vertebralis einen Nerven, vorne ein Geflecht, im Prinzip also dieselben Verhältnisse wie auf der linken Seite.

An der hinteren Wand der A. vertebralis verläuft wiederum der N. vertebralis. Er entspringt auf dieser Seite mit 2 Wurzeln aus dem, hinter das Gefäß tretenden Ramus communicans aus C_6, verläuft dann durchweg an dessen Hinterwand nach oben und erhält aus sämtlichen Spinalnerven oder deren Ganglien von C_5 aufwärts je einen Zweig.

Nach unten setzt er sich in einen dünnen Nerven, der in den vorderen Plexus der A. vertebralis einmündet, fort.

Auf der Vorderseite der A. vertebralis zweigt von dem unteren Ram. communicans aus C_6 ein Ästchen nach aufwärts zum lateralen Nerven des Plexus ab. Der *mediale* der beiden auf Abb. 3 erkenntlichen Nerven an der Vorderwand des Gefäßes entspringt aus der lateralen Wurzel des N. vertebralis (aus dem oberen Ram. communicans von C_6) und mündet nach Aufnahme eines Zweiges aus dem Ganglion im Ram. communicans 6 und dem Grenzstrangganglion 7 in den *lateralen* Gefäßnerven ein. Dieser zieht nach Aufnahme einer oberen kurzen Anastomose aus dem oberhalb Ganglion 7 dicht beim Grenzstrang gelegenen

Gefäßganglion, einer Anastomose aus dem Ganglion 5 und einer unteren längeren aus dem erwähnten Gefäßganglion, zum Plexus der A. subclavia. Von oben her erhält dieser laterale Gefäßnerv zwei Zweige aus der oberen Phrenicuswurzel, von unten her einen Zweig aus dem unteren Ram. communicans von C_6, setzt sich nach aufwärts fort und teilt sich endlich in Anastomosen mit dem N. vertebralis auf der Rückseite des Gefäßes auf.

Also entsteht der N. vertebralis beiderseits aus Fasern der Rami communicantes um C_5 und C_6 und nimmt in seinem Verlauf nach aufwärts segmentale Ästchen aus den Spinalnerven bis C_1 auf (im Gegensatz zu *van den Broek*, der dies beim Menschen und Anthropoiden nicht fand und folglich negiert).

Wir sehen also, wie hier ganz parallel zur Entwicklung des Gefäßes sich ein Nerv ausbildet: ebenso wie die A. vertebralis eine Längsanastomose segmentaler Quergefäße ist, so ist der N. vertebralis offenbar als Längsanastomose aufzufassen.

Der laterale Nerv auf der Vorderwand der A. vertebralis erhält bei seinem Übergang auf den Plexus der A. subclavia 2 kurze Anastomosen aus dem lateral unteren der 4 kleinen Gefäßganglien, die miteinander durch kurze Anastomosen verbunden sind.

Diese 4 nahezu im Rechteck beisammenstehenden kleinen Ganglien sind ein Teil der, in den Verlauf der Gefäßnerven eingeschalteten Ganglien; wir bezeichnen sie daher kurz als Gefäßganglien, um sie von anderen Ganglien grob zu unterscheiden.

Das medial-untere dieser Ganglien liegt noch auf der A. vertebralis. Es sendet 2 Anastomosen zu dem oberhalb Ganglion 7 vor dem Grenzstrang und dicht an der A. vertebralis gelegenen Ganglion, einen Verbindungszweig zu Ganglion 5 und einen kurzen zu dem größeren Ganglion bei 6, welches einen gemeinsamen Ast aus dem Ram. communicans von C_4 und C_5 erhält und ein Ästchen an den Plexus der A. transversa scap. abgibt. Ein zum gleichen Plexus ziehendes Ästchen entspringt aus der Anastomose zwischen dem kleinen Ganglion bei 6 und dem medial-unteren Gefäßganglion.

Die in den Verlauf der Rami communicantes eingeschalteten Ganglien zeigen im großen und ganzen dasselbe Verhalten — es gehen auch von ihnen vielfach Gefäßnerven ab — und könnten daher auch als Gefäßganglien bezeichnet werden. Man könnte geneigt sein, den Satz umzukehren und die 4 Gefäßganglien auch als Ganglien von Rr. communicantes bezeichnen. In der Tat zweigt z. B. nach dem Ganglion bei 6 ein Ästchen von dem Ram. communicans aus C_5 ab. Bei den anderen ist ein Ast aus einem bestimmten Ram. communicans und die Verbindung zum Grenzstrang makroskopisch nicht darstellbar, aber vielleicht doch innerhalb des Plexus vorhanden.

Als Beleg für diese Auffassung sei der aus der oberen Phrenicuswurzel (rechts) austretende untere Ast genannt, der in den oberen an der Vorderwand der A. vertebralis herabziehenden Nerven einmündet. Dieser tritt schließlich in das medial-untere der 4 oben beschriebenen Gefäßganglien ein, das über 2 kleinere Ganglien sich wieder in den Grenzstrang zurückfindet, also deskriptiv-anatomisch auch als Ram. communicans im weiteren Sinne aufgefaßt werden könnte. Natürlich fehlt die experimentelle Untersuchung, ob dieser Faserverlauf auch tatsächlich so vorhanden ist.

Nach dieser Abschweifung kehren wir zur Beschreibung des Plexus subclavius zurück.

Das größere Ganglion, das nahe dem Stamme des N. phrenicus liegt und
mit diesem bzw. dessen oberer Wurzel durch 2 kurze Anastomosen verbunden
ist, nimmt den vorderen wie den hinteren Schenkel der linken Ansa subclavia
auf. Es sendet einen Zweig zum Plexus der A. transversa scap. und einen zum
Plexus subclavicus. Dieser erhält noch ein Ästchen aus den beiden Ganglien
bei a und eines, welches aus der Schlinge zwischen dem unteren dieser Ganglien
und dem Ram. interganglionaris (C_8—Th_1) entspringt.

Ferner treten noch einige Ästchen aus dem vorderen Schenkel der Ansa
subclavia zum Plexus subclavicus.

Die übrigen zu ihm tretenden Nerven werden im folgenden beschrieben.

Die Herznerven.

Zur Orientierung diene Abb. 5 und 6.

Auf Abb. 5 ist hauptsächlich die Innervation des linken Ventrikels und
der großen Gefäße des Herzens (Aortenbogen und A. pulmonalis) dargestellt.
Ein Stück aus dem Aortenbogen, sowie aus dem Ram. sin. der A. pulmonalis
ist entfernt. Abb. 6 zeigt als Besonderes die Innervation der beiden Vorhöfe,
die bei der Beschreibung des Vagus bereits erörtert wurde.

Auf der rechten Seite entspringt, wie mehrfach erwähnt, ein mächtiger
N. cardiacus aus dem Halsgrenzstrang oberhalb des Ganglion 4 mit 2 starken
Wurzeln und einer schwächeren dritten, die zwischen beiden liegt. Er nimmt
schräg nach ab- und medianwärts ziehend noch einen Nerven aus Ganglion 4
auf, gibt mehrere Äste an die Trachea ab und geht dann oberhalb der Teilungsstelle der A. anonyma in ein großes *Ganglion cardiacum sup.* über. Dieses hat
2 Anastomosen mit dem N. recurrens dext. und eine mit dem Vagusstamme,
ferner erhält es einen Ast aus dem Ganglion 5 des Grenzstrangs. Aus dem oberen
Pol des Ganglion entspringt mit 2 Wurzeln ein stärkerer Ast, der in der gleichen
Richtung zieht und etwa in der Höhe und lateral des unteren Pols des Ganglion
card. sup. dext. ein kleines Ganglion besitzt. Von diesem Ast zieht eine Anastomose herüber an den medialen der beiden Äste, die aus dem unteren Pol des
Ganglion card. sup. dext. austreten. Dieses kleine Ganglion erhält von oben
her einen Nerven, der mit einer oberen Wurzel aus der mittleren des N. card.
med., mit der unteren aus dem Ganglion 4 des Grenzstranges entspringt.

Während auf der linken Seite aus dem linken Ganglion card. sup. nach
abwärts 6 Äste heraustreten, die ich durch Nummern für die Beschreibung fest-
gelegt habe, treten auf der rechten Seiten nur 2 größere Nerven aus dem oberen
Herzganglion aus, die ich als medialen und lateralen Ast bezeichne.

Von dem kleinen Ganglion gehen 2 kurze Ästchen an den lateralen Ast.
Dieser schlingt sich mit einem aus dem kleinen Ganglion zusammen, von hinten
her um die A. subclavia herum und vereinigt sich auf der A. anonyma wieder
mit dem medialen. Derselbe verläuft nach seinem Austritt aus dem Ganglion
card. sup. schräg nach ab- und medianwärts und hat an seiner Teilungsstelle
2 kurze Anastomosen mit einem kleinen medial von ihm gelegenen Ganglion.
Es liegt unterhalb des Ganglion card. sup. dext. in der Richtung des Herznerven

und in dem Teilungswinkel der A. anonyma. Dieses Ganglion ist schon vorher als *Ganglion aorticum sup.* erwähnt worden bei den Gefäßganglien der rechten Seite. Es scheint eine besondere Bedeutung zu haben, da 8 Äste von allen Richtungen her in dasselbe eindringen, von denen sich eines sogar bis zum Glomus caroticum dext. herauf verfolgen läßt. Es erhält von oben her einen Zweig aus dem lateralen rechten Herzast, ferner den erwähnten, die A. carotis communis dext. herabziehenden Ast vom Glomus[1]) mehrere Gefäßzweige und je einen Zweig aus den beiden Gefäßästen vom Ganglion card. sup. sin. aufnimmt.

Kurz oberhalb des Ganglion aorticum sup. nimmt der mediale Herzast eine starke Anastomose aus dem Stamm des rechten Vagus auf, der mit 2 Wurzeln entspringt und 3 ansehnliche Ästchen an den Plexus subclavius abgibt. Das medialste von diesen ist wiederum mit einem Ast aus Ganglion 8 und dem kleineren neben dem Ganglion card. sup. gelegenen Knoten verbunden, der von oben her noch einen aus 2 Wurzeln gebildeten Ast erhält. Die untere Wurzel kommt aus Ganglion 4, die obere entspringt aus dem kleinen Ganglion der mittleren Wurzel des großen N. card. dext.

Die Anastomose aus dem Vagus zieht dann auf der A. anonyma und lateral von dem medialen Herzast nach abwärts, sendet ein Zweiglein zum Ganglion aorticum sup. zurück und mündet gespalten unterhalb der Vereinigungsstelle der beiden Herzäste.

Der mediale Herzast hat sich in der Höhe des Ganglion aorticum sup. in 4 Äste aufgespalten, die sich an seiner Vereinigungsstelle mit dem lateralen Ast wieder miteinander verbinden. Der medialste dieser 4 Äste sendet ebenfalls Zweiglein zum Ganglion aorticum sup. und erhält einen Verbindungszweig aus dem zweiten, zur A. anonyma ziehenden Ast aus dem Ganglion card. sup. der anderen Seite. Er gibt auch wie das Ganglion aortic. sup. einen Verbindungszweig an den letzteren Nerven selbst.

Von der Vereinigungsstelle des medialen mit dem lateralen rechten Herzast ziehen 2 Anastomosen quer über den Aortenbogen zu dem dritten, der medial aus dem linken Ganglion card. sup. austretenden Äste, der mit 2 Wurzeln aus dessen oberen Pol entspringt.

Dieser dritte Ast bildet mit seinen Verzweigungen den Hauptteil des über Aortenbogen und Aortenwurzel gelegenen Geflechts.

Nach ihrer Vereinigung teilen sich die beiden rechten großen Herzäste sofort wieder in einen oberen und einen unteren Ast, die sich beide um den Aortenbogen herum und hinter diesen begeben und sich erst kurz vor dem Eintritt in den Herzplexus wieder vereinigen [(Abb. 5) auf dem linken Hauptbronchus, wo sie im Bilde hinter dem abgeschnittenen Aortenbogen sichtbar werden. Der untere Ast liegt infolge Überkreuzung beider Äste an dieser Stelle oben]. Der untere und schwächere Ast gibt zum vorderen Aortenplexus noch 2 Anastomosen ab, der stärkere obere sendet hinter der Aorta einige Zweiglein zum Plexus an der Hinterwand des Gefäßes. Ferner schickt er einen stärkeren Zweig hinter dem Ram. dext. der A. pulm. nach abwärts,

---

[1]) Auf Abb. 5 ist derselbe mit der A. carot. communis abgeschnitten dargestellt; dagegen ist er ohne weiteres auf Abb. 3 verfolgbar.

der mit dem Trachealgeflecht in Verbindung steht und in das Vorhofsgeflecht
einstrahlt. —

Auf der linken Seite ist nur ein Ganglion card. sup. vorhanden. Es fehlt
also das kleine lateral vom großen gelegene, das rechts vorhanden ist. Dafür
ist aber das linke Ganglion card. sup. auch sichtlich größer, so daß der Gedanke
nahe liegt, daß das kleine Ganglion auf der rechten Seite eine gegen den lateralen
rechten Herzast vorgeschobene Ganglienmasse aus dem größeren darstellt. Wie
auf beiden Seiten der Grenzstrang symmetrisch gebaut ist, so finden wir auch
auf beiden Seiten symmetrisch obere Herzganglien. Dafür fehlt, wie ich voraus-
greifend bemerken möchte, ein unpaares Wrisbergsches Ganglion unter dem
Aortenbogen, so daß man annehmen möchte, daß das Wrisbergsche Ganglion
aus der Vereinigung paariger herabgewanderter Ganglia card. d. supp., die sich
zu einem unpaaren Gebilde verbunden haben, entsteht.

Bemerkenswert ist ferner, daß bei diesem Individuum, wo die beiden Ganglia
card. sup. so ansehnlich sind, auf beiden Seiten das mittlere Halsganglion bzw.
eine ihm entsprechende Anschwellung fehlt.

Nach Beschreibung des Pavian und Macacus werden wir noch im allgemeinen
Teil darauf zurückkommen.

Zum linken Ganglion card. sup. führt ein oberer starker N. cardiacus, der
aus 2 starken Wurzeln und einer dazwischenliegenden schwächeren, mit kleinem
Ganglion entsteht, denen sich noch eine obere Wurzel mit einem Ast zu jenem
Ganglion hinzugesellt. Auch sie enthält ein Ganglion. Ferner führt an das Ganglion
card. sup. selbst ein unterer schwächerer Nerv, der mit einer Wurzel aus
Ganglion 6 und einer aus Ganglion 7 aus dem unteren Halsgrenzstrang tritt.

Das Ganglion card. sup. sin. liegt an der lateralen Seite der A. carotis communis sin. Es gibt die erwähnten unbezeichneten 3 Äste, nach medialwärts an
den Aortenplexus und an das Ganglion aorticum ab, die mehrfach mit dem
rechten N. cardiacus bzw. seinen Ästen anastomosieren.

Die folgenden nach abwärts zum Herzplexus ziehenden Äste möchte ich
folgendermaßen nummerieren: An der medialen Seite des unteren Pols des
Ganglion card. sup. sin. entspringt *Ast 1* mit 2 Wurzeln, lateral davon Ast 2
gemeinsam mit Ast 3, dahinter Ast 4 und 5 und neben diesem der Ast 6.

Die Äste 1—3 ziehen auf der Vorderseite des Aortenbogens, die Äste 4—6
an dessen Hinterseite zum Herzplexus.

Ast 1 entspringt mit 2 Wurzeln aus dem unteren Pol des Ganglion, gibt
einen Ast an die vordere Unterseite des Aortenplexus ab, dessen Anastomosen
sich mit dem vom oberen Pol des Ganglion austretenden Äste und dem unteren
rechten Herzast verbinden, und erhält eine Anastomose aus dem lateral neben
ihm liegenden Ast 2.

Dieser erhält von hinten her aus Ast 5 zwei Anastomosen (unter dem Aortenbogen hervortretend), von denen die untere einen Ast nach vorne zur Unterseite
des Aortenbogens abgibt.

Von der medialen Wurzel gibt Ast 1 schon ein Ästchen nach medial-abwärts,
dessen oberer Zweig (Abb. 4) zum Arc. venos. juguli und dessen unterer Zweig
an die Hinterfläche der Thymus zieht. Von diesem Ast treten noch 2 weitere
Ästchen an die Hinterfläche der Drüse.

Nach Aufnahme der Anastomose von Ast 2 zieht der erste Ast weiter, der Furche zwischen Aorta ascendens und Arteria pulmonalis zu, wo er sich in einen stärkeren hinteren Zweig, der ein Ästchen an den Aortenplexus abgibt, und einen schwächeren vorderen Zweig aufteilt, die beide zwischen Aorta und A. pulmonalis in Abb. 5 verschwinden.

In dieser Furche geben sie zunächst Anastomosen an die Verbindungszweige zwischen Aortenplexus und dem Geflecht der A. pulmonalis ab, nehmen einige feine Zweiglein aus diesen beiden auf und umspinnen dann die A. coronaria dext. als lockeres Geflecht. Von diesem treten die stärkeren Zweige zur Muskulatur des rechten Ventrikels und teilweise zur Auricula dextra, während die schwächeren als reine Gefäßästchen die rechte Coronararterie begleiten.

Vor der Aufspaltung in seine beiden Endäste sendet Ast 2 zwei Anastomosen unter den Aortenbogen zum tiefen Herzplexus und einen Ast nach vorne zur Wurzel der A. pulmonalis, wo dieser mit Zweigen aus Ast 1 einen ansehnlichen Plexus bildet.

Bevor ich in der Beschreibung der übrigen Äste fortfahre, möchte ich den weiteren Verlauf der beiden, von rechts hinter der Aorta nach links herüberziehenden Äste des rechten Herznerven beschreiben:

Kurz nach der Vereinigung seiner beiden Äste teilt er sich über dem linken Hauptbronchus wiederum in einen linken und einen rechten Ast. Der linke sendet mehrere Ästchen zum Plexus an der hinteren Wand der Aorta und einen stärkeren Zweig an die Hinterwand der A. pulmonalis, zu dem ein weiterer aus Ast 2 hinzutritt. Ebenso treten vom rechten der beiden Äste 2 Zweige mit einem Ästchen aus dem linken zu einem Nerven zusammen, welcher Äste zum Plexus an der Hinterwand der Aorta und solche, nach unten ziehende, zum Plexus der A. pulmonalis entsendet. Diese bilden mit Zweigen des oberen, nach rechts abzweigenden Astes und den Endaufsplitterungen des Astes 2 zusammen einen Plexus, der unter der A. pulmonalis liegt (auf Abb. 5 durch das Geflecht verdeckt) und Nerven zum Septum atriorum sendet.

Der laterale größere Ast des rechten Herznerven erhält 2 Anastomosen aus Ast 6 und unterhalb dieser die beiden Zweige aus dem linken N. recurrens. Er hat auch eine Anastomose mit dem ihn begleitenden Ast 4.

Dieser gibt in seinem unteren Verlauf ein Ästchen an das Geflecht der Vorderwand der A. pulmonalis, ferner ein oberes und ein unteres mit 3 Wurzeln entspringendes hinter dieses Gefäß, anastomosiert mit dem Ast 2 und verzweigt sich wie dieser am linken Ventrikel in dessen Muskulatur zahlreiche Zweige eintreten.

Der Ast 2 gibt dabei noch 2 Äste an den Plexus der Pulmonaliswurzel. Einer derselben nimmt einen Zweig aus diesem Geflecht auf und zieht mit den übrigen zum linken Ventrikel.

Ast 4 hat kurz vor dem linken Ventrikel eine Anastomose mit einem Endast von 2. Von dieser Stelle aus zweigen 2 Äste ab und treten um den vorderen Ast der A. coronaria sin. herum, dessen Abgang von der Arterie in Abb. 5 nicht zu sehen ist, da er von Myokardfasern bedeckt ist. Der obere Gefäßnerv liegt wie die übrigen unter dem Epikard und macht einen Bogen, bis er das Gefäß erreicht. Hier anastomosiert er mit dem zweiten, der gerade auf das Gefäß zuläuft.

Aus den Aufzweigungen des Astes 2 treten wie von dem sich dort ebenfalls verzweigenden medialen Zweig des rechten Herzastes einige Gefäßästchen an den Stamm der A. coronaria sin. umgeben diesen plexusartig, und senden Zweiglein zum hinteren Ast des Gefäßes.

Alle diese Gefäßzweige anastomosieren untereinander. Vom Plexus der A. coronaria sin. geht auch ein Ästchen zur linken Aurikel.

Der dritte Ast zieht von der gemeinsamen Ursprungsstelle mit Ast 2 nach lateral-abwärts über den vorderen Umfang des Aortenbogens. Er nimmt dabei zwei Anastomosen aus dem obersten der medialwärts aus dem Ganglion card. sup. sin. austretenden Gefäßäste auf, welcher auf der Trachea nach abwärts verläuft, an deren Plexus er einige Zweiglein und eine Anastomose zum vierten und zwei zum fünften Ast abgibt. Diese Anastomose zu Ast 3 tritt unter dem Aortenbogen hindurch. Vorher gibt er noch einen Endast an den Plexus auf der Hinterwand der Aorta descendens. An der Vorderwand dieses Gefäßes angelangt, teilt sich der Ast in 3 Zweige auf, von denen die beiden oberen zum Aortenplexus ziehen und der untere sich mit dem mittleren der beschriebenen Vagusästchen vereinigt, aus dessen Verzweigungen sich wie erwähnt der Plexus über dem peripheren Teil das Ram. sin. und der A. pulmonalis und der Vena pulmonalis sin. bildet.

Dieser Plexus erhält noch eine längere Anastomose aus dem sich oberhalb des Ram. sin. der A. pulmonalis von Ast 2 abspaltenden Zweiges, der zwischen Aorta und dem Ram. sin. der A. pulmonalis nach vorne tritt und einen Zweig aus Ast 4 mit dem gleichen Verlauf.

Ast 4 verläuft wie die Äste 5 und 6 hinter dem Aortenbogen und ist im tiefen Herzplexus mit dem lateralen rechten Herzast durch eine Anastomose verbunden. Im weiteren Verlauf gibt er einige Ästchen an den Plexus des Ram. sin. der A. pulmonalis ab, hat eine Anastomose mit Ast 2 und splittert sich in beschriebener Weise zwischen A. pulmonalis und linker Aurikel in feinere Ästchen auf, die mit denen des Astes 2 und der beiden rechten Herzäste plexusartig verbunden in die Muskulatur des linken Ventrikels eintreten.

Ast 5 hat außer den oben erwähnten noch Anastomosen mit Ast 1 und dem N. recurrens. Ein weiterer Zweig geht nach abwärts zum Plexus des Aortenbogens. Zwei weitere verbinden sich in oben beschriebener Weise mit dem absteigenden Zweig aus dem obersten, medialen Ast des linken Ganglion card. sup.

Ast 6 teilt sich oberhalb des Aortenbogens in einen medialen und einen lateralen Zweig. Der mediale sendet ein Ästchen, das eins aus dem lateralen aufnimmt nach lateralwärts zur Hinterseite der Aorta descendens, und mündet in 2 Schenkel gespalten in den lateralen rechten Herzast. Der laterale Zweig verästelt sich gleichfalls an der Hinterseite der Aorta descendens und *gibt* mehrere Zweiglein zum Plexus der A. pulmonalis (Ram. sin.).

Aus dieser Beschreibung geht die wichtige Tatsache hervor, daß eine Vereinigung und Durchflechtung von rechten und linken, vorderen und hinteren Ästen den Herzplexus bildet. Hier existiert keine scharfe Trennung zwischen oberflächlichem und tiefem Herzplexus, da beide unter dem Aortenbogen durch ein dichtes Geflecht miteinander verbunden sind.

Der linke wie der rechte Vorhof wird im wesentlichen von beiden Vagi innerviert (Abb. 6), und von einem Teil des Herzgeflechtes.

Beide Ventrikel werden direkt aus Ästen des Herzgeflechtes innerviert (Abb. 5), ebenso die Coronararterien.

Kurze Übersicht über die Innervation einzelner Organe.

Die zum Schlundkopf tretenden Nerven bilden beiderseits einen Plexus pharyngeus post. und lateralis.

Der Plexus pharyngeus post ist sehr symmetrisch gebaut (siehe Abb. 2). Er besteht im wesentlichen aus mehreren Arkaden, die durch Verbindung des N. glossopharyngeus mit einem Ast aus dem Ganglion nodosum, und dieses Astes mit einem aus dem unteren Pol des Ganglion cerv. sup. gebildet werden. Auf der rechten Seite treten außerdem bereits vor diesen Arkaden Äste zum Plexus pharyngeus post. Auch besteht hier noch eine unterste solche Arkade, diese kommt zustande durch Verbindung des vom unteren Pol des Ganglion cerv. sup. zum Pharynx tretenden Astes mit dem, als N. card. sup. bezeichneten, der gleichfalls an derselben Stelle aus dem Ganglion austritt (Abb. 2).

Der Plexus pharyngeus lat. liegt auf der Seitenwand des Pharynx. Er wird beiderseits gebildet von Zweigen aus den zur Hinterwand des Pharynx ziehenden Nerven.

Dazu treten noch besondere Zweige:

Auf der linken Seite mehrere aus einer Schlinge, die am unteren Pol des Ganglion cerv. sup. austritt, der seitlichen Pharynxwand entlang läuft und in der Halsmitte wieder in den Grentzsrang einmündet (Abb. 4).

Auf der rechten Seite mehrere Zweige aus einer Schlinge, die vom N. laryngeus sup. zum Grenzstrang führt. Oben treten noch Zweige zum Plexus pharyngeus lat. von je einem Ast aus dem Ganglion nodosum und dem Ganglion cerv. sup.

Der Oesophagus besitzt an seinem hinteren Umfang ein stark entwickeltes Geflecht, das innig mit dem zwischen Oesophagus und Trachea gelegenen Geflecht verbunden ist (siehe Abb 2).

Der Plexus oesophag. post. entsteht durch plexusartige Verbindung von Ästchen aus beiden Nn. recurrentes, welche zum Teil dem Verlaufe der Aa. oesophageae folgen; aus den beiden Nn. cardiaci, den Ganglia card. sup. und von den dorsalen, von diesen ausgehenden Herzästen; ferner von Ästen aus dem unteren Halsgrenzstrang. Im mittleren Teil zweigen die Äste zu diesem Plexus von den Schenkeln der Chordae oesophageae ab und im unteren Teil bilden die beiden Chordae zusammen mit zahlreichen feineren Ästen einen dichten Plexus um den Oesophagus.

Die Trachea besitzt an ihrer vorderen Wand (Abb. 5) ein ansehnliches Geflecht, gebildet aus feinen Ästchen, die zum weitaus größten Teil den Nn. cardiaci und ihren Ganglia cardd. supp. und dem Herzgeflecht entspringen. Einzelne durch die Ligamenta annularia durchtretende Zweiglein dieses Plexus wurden beobachtet.

Er steht durch zahlreiche Anastomosen in Verbindung mit dem Plexus an der Paries membranacea der Trachea. Dieser liegt zwischen Trachea und Oesophagus und erhält hauptsächlich Ästchen aus den beiden Nn. recurrentes und den beiden Vagi nach unten setzt er sich kontinuierlich in die Plexus bronchiales sin. und dext. fort (siehe Abb. 2), die wiederum mit dem Herzplexus in Verbindung stehen (Abb. 6).

Man darf daraus nicht den Schluß ziehen, daß die Vorderwand der Trachea hauptsächlich vom Sympathicus, die Hinterwand vorwiegend vom Vagus bzw. Recurrens versorgt wird, sondern erkennt gerade hier die Bedeutung der Geflechtsbildung, durch die erst eine intensivere Vermischung der Vagus- und Sympathicusäste erfolgt.

Die Schilddrüse besitzt ein hauptsächlich in ihrer Kapsel liegendes Geflecht, welches besonders an den seitlichen und hinteren Partien der beiden Schilddrüsenlappen und am unteren Pol stark entwickelt ist, bedeutend schwächer dagegen an der Vorderfläche der Drüse. Auf beiden Seiten treten zahlreiche feine Nerven zur Hinterfläche der Drüse aus einem, vom unteren Pol des Ganglion cerv. sup. ausgehenden Ast, der auf der linken Seite in der Halsmitte in den Grenzstrang auf der rechten Seite in die obere Wurzel des N. card. einmündet und hier als N. card. sup. angesprochen wurde.

Ferner treten noch einige Ästchen aus dem Grenzstrang und dem N. card. sowie vom Ganglion card. sup. zur Drüse (Abb. 2).

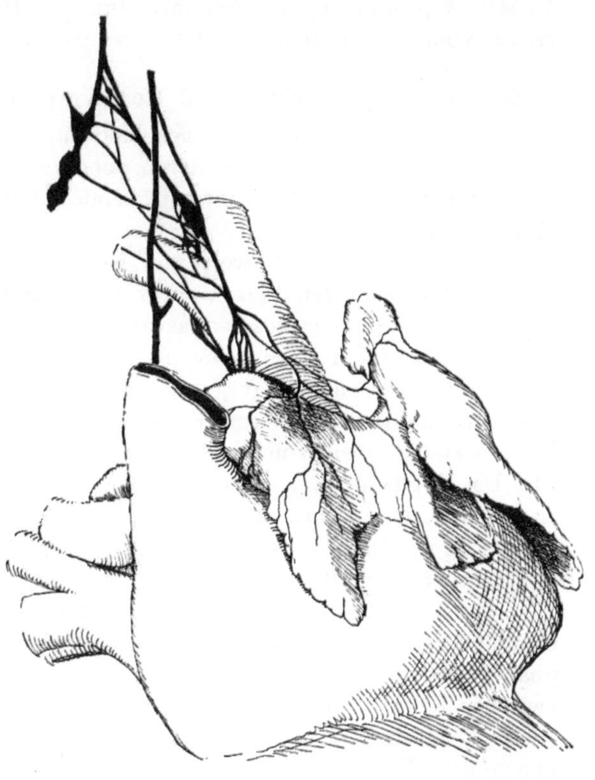

Abb. A. Detailskizze zur Thymusinnervation beim Orang.

Zum unteren Pol treten auch einige Ästchen aus dem Plexus trachealis ant.

An die Vorderfläche der Drüse tritt von oben her das, die A. thyr. sup. begleitende Geflecht und breitet sich im wesentlichen über den Verzweigungen des Gefäßes aus.

Die Thymusdrüse erhält in der Hauptsache Nerven aus Herzästen vom Ganglion card. sup. sinister und aus dem medialen starken Ast des Ganglion card. sup. dexter.

Die ersteren entspringen aus Ast 1 des Ganglion card. sup. sin. (Abb. 4) und treten an der Hinterfläche der Drüse zu einem Plexus zusammen, von dem Ästchen in die Substanz der Drüse eindringen. Der Plexus setzt sich auf der Oberfläche des Organs nach vorne zu fort und verbindet sich da mit Zweigen aus dem Geflecht der A. mammaria int. und A. pericardiaco-phrenica und erhält einige Zweiglein aus den beiden oberen Phrenicusästen, die über die Thymus

herab zum Perikard ziehen. Aus dem medialen starken Aste des Ganglion card.
sup. dext. (siehe Detailskizze!) tritt ein ansehnlicher Ast nach vorne und abwärts unter dem Arcus venos. juguli hindurch und unter den (in Abb. 3 und
der Detailskizze) künstlich abgetrennten Lappen der Drüse und teilt sich in
mehrere Zweige auf, deren Aufsplitterungen zum großen Teil tiefer in die Substanz der Drüse eindringen, zum kleineren Teil aber mit dem Plexus über der
V. cava sup. und der A. mammaria int. anastomosieren. Auch auf dieser Seite
treten vom N. phrenicus 2 Ästchen an diesen Plexus.

Beschreibung des Hals- und Herzsympaticus und -vagus bei Pavian 1.

Der rechte N. facialis teilt sich bald nach seinem Austritt aus dem Foramen
stylomast. in seine Äste auf, deren oberster eine Anastomose mit dem N. auriculo-temporalis hat. Der unterste sendet 2 feine Ästchen an den Plexus der
A. carotis ext.

Auf der linken Seite weist der Nerv ein analoges Verhalten auf, nur daß
hier 4 Ästchen an den Plexus carot. ext. gefunden wurden.

Der N. glossopharyngeus anastomosiert *auf der rechten Seite* gleich nach dem
Austritt mit einem Ram. pharyngeus aus dem N. vagus. Aus diesem, wie aus
der Anastomose entspringt je ein Zweiglein, durch deren Verbindung ein Nerv
entsteht, der in den oberen Pol des Glomus caroticum eintritt. Von diesem
Nerven zweigt wiederum ein Ästchen zum Plexus der seitlichen Pharynxwand
ab. Der N. glossopharyngeus sowie der Ra. pharyngeus vagi ziehen zum Pharynx
und teilen sich vorher in Ästchen auf. Diese bilden zusammen sowohl einen
Plexus an der hinteren wie an der seitlichen Wand des Pharynx.

Letzterer erhält noch einen Ast aus dem Ram. ext. des N. laryngeus sup.

Auf der linken Seite sendet der N. glossopharyngeus ein Ästchen herab zum
Ganglion cerv. sup. Dieses Äschen erhält eine Anastomose aus einem, vom Ra.
pharyngeus vagi zum Glomus caroticum ziehenden Ästchen. Die Anastomose
zwischen N. glossopharyngeus und Ram. pharangeus X liegt hier weiter peripher.
An sie tritt ein feines Ästchen heran, das an der gleichen Stelle wie der Ram.
pharyngeus X aus dem Vagus entspringt und wie dieser Gefäßästchen an den
Plexus caroticus int. abgibt. Die Aufsplitterung beider erfolgt hier ebenfalls
kurz vor dem Pharynx. Zum Plexus der seitlichen Pharynxwand gesellt sich
auch hier ein Ästchen aus dem N. laryngeus sup.

Der N. accessorius tritt beiderseits eng verbunden mit dem N. vagus aus
dem For. jugulare aus, so daß eine Trennung beider nur künstlich erfolgen konnte.
Auf beiden Seiten erhält er seinen spinalen Anteil vom zweiten und dritten
Spinalnerven. Auf der linken Seite außerdem vom ersten.

Der Stamm des N. hypoglossus erhält auf *der rechten Seite* gleich nach dem
Austritt aus dem Foramen jugulare von oben her eine kurze Anastomose aus
dem N. X, von unten her einen ansehnlichen Ast, der durch Vereinigung zweier
Äste aus den Cervicalnerven 1 und 2 entsteht. Aus dem unteren (von C_2) treten
2 Rami communicantes zum Ganglion cerv. sup. Aus dem oberen sowie aus der
Vereinigungsstelle beider treten je ein Ästchen zum Vagus. Außerdem entspringt aus dem unteren an der Abgangsstelle der beiden Rami communicantes
ein feinerer Ast, der nach aufwärts zieht und ebenfalls in den Stamm des N. hypo-

glossus eintritt. Dieser gibt hoch oben ein Ästchen zum Glomus caroticum ab, das eine Anastomose aus dem Vagus aufnimmt. Der *Ramus descendens* geht etwas medial von der A. thyreoidea sup. vom Stamme nach abwärts, rechts mit 2 Wurzeln aus diesem entspringend, deren mediale kurz vor dem Abgang des Astes zum M. thyreo-hyoideus aus dem Stamme tritt. Er verbindet sich, ebenfalls in 2 Schenkel gespalten, mit dem schräg nach aufwärts verlaufenden Ram. cervicalis 3. Der Ramus descendens geht also auch beim Pavian nicht einheitlich nach abwärts, einen Schenkel der Ansa hypoglossi bildend, sondern ist unterbrochen durch den Ramus cervicalis 3. Dieser setzt sich medianwärts in einen Ast fort, der zur vorderen Halsmuskulatur zieht. Der Ramus cervicalis 3 erhält gleich nach dem Austritt aus dem dritten Foramen intervertebrale eine Anastomose aus dem dritten Cervicalnerven, aus der ein Ästchen nach aufwärts zum Ganglion cerv. sup. zieht. Von der Mitte derselben zweigt eine abwärts ziehende Anastomose zum Grenzstrang ab. Im ersten Drittel zweigt vom Ram. cervicalis 3 ein Ast ab, der nach aufwärts zieht und sich in 2 Ästchen spaltet. Das laterale tritt in den untersten Ram. communicans aus C_2, das mediale ins obere Halsganglion ein. Aus diesem aufwärts ziehenden Ästchen entspringt mit 2 Wurzeln ein Zweig, der sich in einen Ast zur V. jugularis int. und einen absteigenden Ast teilt, der zum Stamm des rechten Vagus zieht. Etwa in der Mitte des Ram. cervicalis 3 entspringt aus diesem ein nach abwärts ziehender stärkerer Ast, der sich in 3 Zweige teilt. Die oberen beiden ziehen zur vorderen Halsmuskulatur, der unterste zum M. omohyoideus. Vor diesem mündet ein feines Ästchen aus C_4 in den Ram. cervicalis 3. Es entspringt dem unteren Teil der Ansa hypoglossi. Von diesem zweigt ein Ästchen nach abwärts, das eine Anastomose zu dem eben erwähnten, in den Vagusstamm mündenden Ästchen abgibt, dann weiter nach abwärts zieht und in das Ganglion cerv. med. einmündet. Etwas weiter medial von dem Ursprung des nach abwärts tretenden Muskelastes tritt ein nach aufwärts gegen den oberen Pol der Schilddrüse ziehendes Ästchen aus. Dieses gibt eine Anastomose an den, die A. thyreoidea sup. umspinnenden Gefäßplexus ab, teilt sich in 2 Schenkel, die sich wieder vereinigen, sendet ein Ästchen an die V. thyr. sup., das mit dieser zum oberen Schilddrüsenpol zieht und vereinigt sich mit einem Ästchen aus dem oberen Halsganglion.

Der Stamm des *linken Hypoglossus* erhält gleich nach dem Austritt aus dem For. jugulare ein Ästchen aus dem ersten Cervicalnerven. Dieses spaltet kurz bevor es den Hypoglossus erreicht ein Ästchen zum Vagusstamme ab. Ein stärkerer Ast tritt aus der Ansa cervicalis 2 aus, verbindet sich mit dem untersten Ram. communicans des oberen Halsganglions aus C_2 und mündet in 2 Schenkel gespalten in den Hypoglossusstamm. Zwischen diesen beiden Schenkeln tritt noch ein Ästchen aus C_1 in den Hypoglossus ein. *Der Ram. descendens* bildet auch auf der linken Seite nicht einfach einen Schenkel der Ansa XII., sondern ist hier ebenfalls durch den starken Ram. cervicalis 3 unterbrochen. Von der Einmündungsstelle des Ram. descendens in diesen tritt der Ast für die vordere Halsmuskulatur nach medialwärts, der vor seiner Teilung einen Ast aus dem Ramus descendens erhält. Zum Ramus cervicalis 3 zieht der aus der oberen Phrenicuswurzel (C_4—C_5) entspringende, auf dieser Seite ebenfalls sehr schwache, untere Schenkel der Ansa hypoglossi in 2 Ästchen gespalten. Das laterale sendet

ein Zweiglein nach abwärts zum Plexus der Pleurakuppel, das mediale gibt ein
Zweiglein zum Plexus der A. carotis communis ab.

Aus dem Ram. cerv. 3 tritt sowohl eine Anastomose zum N. XI als auch
ein Ram. communicans zum oberen Halsganglion. Kurz vor der Einmündung
des Ramus descendens gibt der Ram. cervicalis 3 ein feines Ästchen zum unteren
Schilddrüsenpol ab.

Beschreibung des Grenzstranges.

Der Halsgrenzstrang weist bei diesem Pavian die 3 typischen Ganglien auf.

Das Ganglion cerv. sup. Das rechte ist etwa von 2 cm Länge und hat die
typische Spindelform. Es liegt an der Hinterwand der A. carotis int. außerhalb
des For. jugulare, während das Ganglion nodosum innerhalb desselben als wenig
deutliche Anschwellung zu finden und auf der Abb. 1 nicht zu erkennen ist.

Das Ganglion cerv. sup. läuft nach oben in einen ansehnlichen N. caroticus
aus. Von diesem zweigt auf der rechten Seite wie vom Vagus je ein feines Ästchen
ab. Diese verbinden sich zu je einem, über das Ganglion herablaufenden Nerven,
der in der Höhe des unteren Pols des Ganglion cerv. sup. ein Ästchen zum Vagus
und 2 zum Plexus caroticus abgibt.

An *Rami communicantes* erhält das rechte obere Halsganglion einen aus
dem ersten Cervicalnerven und 2 starke aus dem zweiten. Ferner den erwähnten,
aus dem Ramus cerv. 3 des Hypoglossus und einen ebensolchen gleichfalls aus
C_3, der mit dem Ram. cerv. 3 eine Anastomose besitzt und einen Ast nach abwärts zum Grenzstrang abgibt. Von C_4 könnte das obere Halsganglion nur auf
Umwegen Zuschüsse erhalten.

Anastomosen mit dem Vagus besitzt das rechte obere Halsganglion 3 in der
Mitte seiner lateralen Kante, und zwar 2 schwächere und eine stärkere untere,
die an derselben Stelle wie der obere Ramus communicans aus C_2 ins Ganglion
tritt. Ferner erhält es am unteren Pol eine starke nach aufwärts gerichtete Anastomose aus dem Vagus, die einen Ast aus dem N. laryngeus sup. aufnimmt.
Von diesem tritt in der Mitte ein Zweig zur A. carotis communis.

In medialer Richtung treten mehrere Äste aus dem rechten Ganglion cerv.
sup. aus: Aus der Mitte des Ganglion tritt ein ziemlich starker Ast, der sich kurz
vor dem Glomus caroticum aufteilt.

Der lateralste Ast zieht nach aufwärts zum Plexus der A. carotis ext. und
teilt sich dort in 3 Ästchen, die sich um das Gefäß von vorne her herumschlingen,
um an dessen Hinterseite wieder zusammen zu treten. Von dieser Stelle tritt
ein Ästchen zu dem Zweig der vom Ram. pharyngeus vagi zum Glomus caroticum zieht. Ein anderer zieht im Bogen über die A. lingualis nach vorne, ein
dritter führt hinter die Carotissteilung zurück zu dem erwähnten stärkeren Ast
aus dem Ganglion cerv. sup. Es treten ferner je 2 Nerven an der oberen und unteren Seite der A. lingualis peripherwärts. Nach unten tritt ein Zweig zum Glomus caroticum. Zu diesem hat auch der unterste Ast eine Anastomose und teilt
sich dann in eine Anzahl feinerer Ästchen auf. Das oberste derselben tritt an
der Abgangsstelle der A. thyr. sup. von der A. lingualis zum Plexus thyr. sup.,
das nächst untere mündet geteilt in den Ram. int. des N. laryngeus sup. Das
nächste sendet 2 Zweiglein zum Plexus der A. thyr. sup. und das unterste ver-

einigt sich mit einem Zweig aus dem Glomus caroticum und bildet so eine Anastomose zu den beiden aus dem sympathischen N. laryngeus sup. austretenden Ästen zum Plexus caroticus und V. jugularis. Nahe dem unteren Pol des Ganglion cerv. sup. entspringt der sympathische N. laryngeus sup. mit einer vorderen und einer hinteren Wurzel. Eine dritte kommt aus der Mitte des Ganglion. Von ihrer Ursprungsstelle tritt auch ein Ast zum Glomus caroticum. Der sympathische N. laryngeus sup. wird alsbald durch eine breite Anastomose mit dem N. laryngeus sup. aus dem Vagus verbunden. Von dieser Stelle zweigt der Ramus int. ab, der im Bogen nach aufwärts zieht, um lateral vom Abgange der A. thyr. sup. die Membrana laryngea zu durchbrechen. Er erhält außer einer Anastomose aus dem Ram. ext. die beiden Ästchen und gibt kurz vor seinem Eintritt in die Membrana laryngea ein Zweiglein zum Plexus der A. thyreoidea sup. ab.

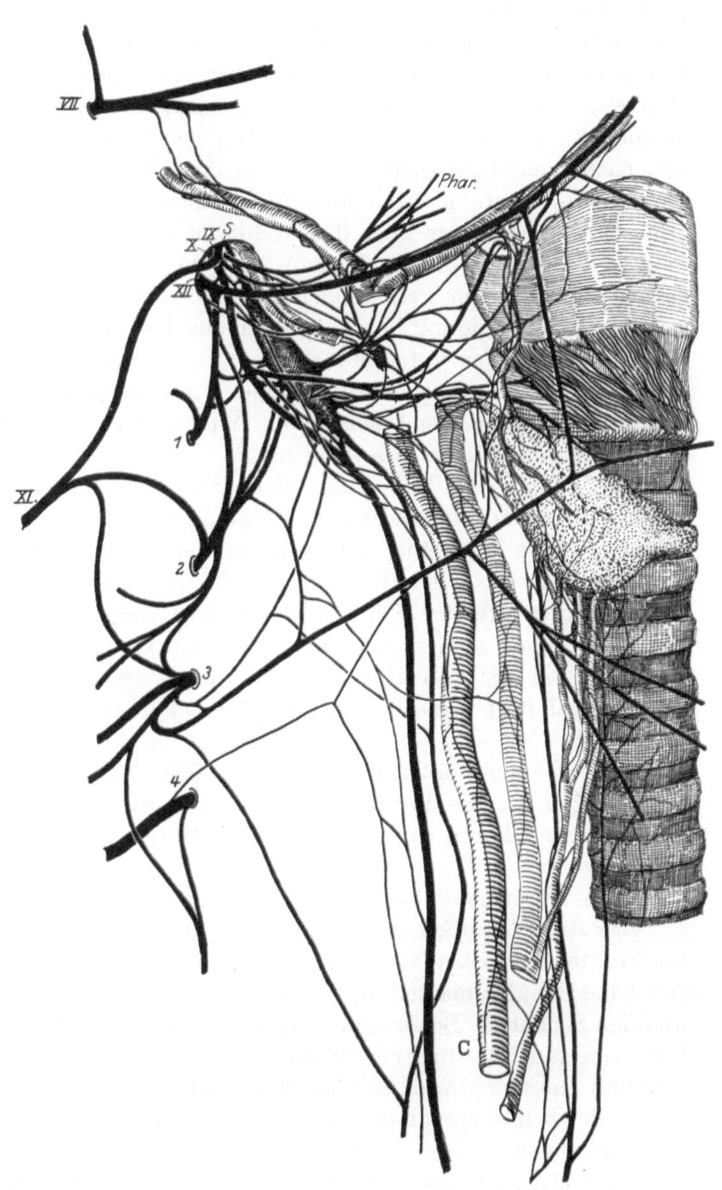

Abb. B₁. Rechter Halsgrenzstrang von Pavian 1. Hirnnerven = römische Ziffern; Spinalnerven = arabische Ziffern; *Phar.* = Äste zum Pharynx; *C* = Carotis; *S* = Sympathicus.

Vor der beschriebenen Anastomose zwischen sympathischen N. laryngeus sup. und dem vom Vagus kommenden tritt ein Ästchen gleichfalls im Bogen nach aufwärts, sendet eine Anastomose zum Plexus der A. thyr. sup. und tritt medial von diesem Gefäß am oberen Rande des Schildknorpels durch die Membrana thyreo-hyoidea ins Innere des Kehlkopfs. Aus der unteren Wurzel des sympathischen N. laryngeus sup. treten 2 Ästchen nach medial-abwärts, die mehrfach miteinander anastomosieren. Das obere sendet einen Zweig zum Glomus caroticum und nimmt weiter medial über der Carotis den Ast auf, der mit einer Wurzel aus dem erwähnten Sympathicusast, mit der anderen aus dem Glomus entspringt. Das untere der beiden Ästchen sendet 2 sich verbindende Zweiglein nach medial-aufwärts, von denen das obere mit dem Plexus der A. thyreoidea sup. anastomosiert und weiterhin zum Geflecht der A. lingualis zieht. Es gibt ein Ästchen quer über den Kehlkopf und ein anderes, von der Einmündungsstelle in den Plexus lingualis ausgehendes ebenfalls medianwärts. Beide ziehen offenbar zum Perichondrium des Schildknorpels. Das untere verbindet sich schlingenförmig mit einem Ästchen aus dem Ramus cerv. 3 des Hypoglossus. Die beiden aus der untersten Wurzel des sympathischen N. laryngeus austretenden Nerven anastomosieren über der A. carot. communis miteinander. Aus dem oberen geht ein sich spaltendes Ästchen an die V. jugularis int., während das untere zum Plexus caroticus tritt.

Der Ramus ext. N. laryngei zieht von der Anastomose aus direkt medialwärts und sendet den erwähnten Verbindungszweig nach aufwärts zum Ramus internus. Kurz vor seiner Verzweigung sendet er ein Ästchen zum Plexus der seitlichen Pharynxwand (in Abb. 1 frei dargestellt), das auch einige Zweiglein an die Hinterseite der Schilddrüse abgibt. Der Ram ext. teilt sich dann in 2 Endäste, einen oberen, der zum M. crico-thyr. zieht und einen stärkeren unteren, der ein Ästchen an die Innerseite des rechten Schilddrüsenlappens abgibt, das sich dort verzweigt und mit Ästchen aus dem rechten N. recurrens anastomosiert.

Zu erwähnen wäre noch ein kleiner Ast, der vom unteren Pol des oberen Halsganglion an die Vorderseite des Plexus caroticus communis und ein Ästchen aus dem Glomus caroticum, das zur Hinterwand dieses Gefäßes tritt (punktiert gezeichnet).

Nach unten geht das rechte Ganglion cerv. sup. in den Grenzstrang über.

Das linke Ganglion cerv. sup. weicht in der äußeren Form wesentlich von dem rechten ab. Ebenfalls an der Hinterwand der A. carotis int. gelegen, teilen sich seine Ganglienmassen in einen schmäleren medialen und einen breiteren lateralen Schenkel. Beide sind in Höhe des Austritts des zweiten Cervicalnerven durch eine gangliöse Brücke miteinander verbunden (Abb. 2), so daß das Ganglion die Form eines ringförmigen Gebildes erhält.

Nach oben verjüngt es sich allmählich zu einem breiten N. caroticus. Die untere Fortsetzung des lateralen Schenkels bildet den Halsgrenzstrang.

Rami communicantes. In die Brücke zwischen dem medialen und lateralen Schenkel mündet der unterste Ram. communicans, der aus dem Ram. cervicalis 3 des Hypoglossus entspringt.

Die übrigen Rami communicantes münden sämtlich in den lateralen Schenkel des Ganglion. In das untere Ende desselben treten 2 Rami communicantes ein. Der mediale tritt als Anastomose des aus der Ansa cervicalis 2 entspringenden, zum Stamm des N. hypoglossus hinaufsteigenden Astes, dem sich ein Zweig aus dem zweiten Cervicalnerven hinzugesellt ins Ganglion. Der laterale entspringt aus C_2.

In die Mitte des lateralen Schenkels des oberen Halsganglion treten 2 Rami communicantes aus der Ansa cervicalis 1 ein, deren oberer eine Anastomose aus dem Vagus aufnimmt.

Weitere Anastomosen des linken oberen Halsganglion mit dem Vagus. Oberhalb des obersten Ram. communicans aus der Ansa cervicalis 1 tritt eine Anastomose an das lateral-obere Ende des lateralen Schenkels. Eine stärkere tritt in dessen unteres Ende ein, die nicht direkt aus dem Vagusstamme, sondern dem lateralen der beiden Äste des N. laryngeus sup. entspringt, die dieser Nerv zum Vagusstamme hinabsendet.

Das Ganglion nodosum steckt auch auf dieser Seite noch innerhalb des Canalis jugularis und ist nur andeutungsweise zu sehen.

Äste des linken Ganglion cerv. sup. Die obersten beiden nach medial austretenden Ästchen ziehen zur Hinterwand der A. carotis interna. Von dem medialen der beiden zweigt ein Ästchen ab, das in medialer Richtung ziehend, sich mit einem stärkeren aus dem N. laryngeus sup. vagi verbindend ins Glomus caroticum eintritt. Dieses Ästchen zieht von hinten her über die vordere Wand der A. carotis int. weg, auf der es mehrere Anastomosen aus dem an der Abgangsstelle des Ramus pharyngeus vagi entspringenden Astes aufnimmt. Dieses Ästchen sendet eine Anastomose zum Vagus zurück und je ein Ästchen zum Ram. phar. vagi und zur Anastomose desselben mit dem N. glossopharyngeus.

Aus dem medialen Schenkel des Ganglion tritt oben ein breiter kurzer Ast zum Glomus caroticum. Dasselbe erhält noch einen dünneren aus dem Ganglion, der etwas oberhalb der beiden Gefäßästchen entspringt.

Oberhalb dieses breiten zum Glomus ziehenden Astes tritt eine Anastomose aus dem N. glossopharyngeus zum Ganglion. An derselben Stelle verläßt diesen ein Ast, der nach aufwärts zur hinteren Wand der A. lingualis zieht Er sendet eine Anastomose in lateraler Richtung zum Plexus caroticus int.

Ein ansehnlicher Nerv tritt aus dem breiten Ast des Ganglion cerv. sup. zum Glomus caroticum aus und zieht nach aufwärts. Er spaltet sich in 2 Äste. Der laterale tritt an die Carotisteilung heran, sendet einen Zweig zum Plexus caroticus ext. und einen zum Plexus der A. lingualis. Der mediale zieht an die Unterseite dieses Gefäßes und spaltet sich an der Abgangsstelle der A. thyr. sup. (von diesem Gefäß) in 2 Schenkel, die sich wieder vereinigen. Von dem hinteren Schenkel treten 2 Zweiglein nach abwärts zur A. thyr. sup. 2 weitere vereinigen sich und verbinden sich mit einem Zweig aus dem N. laryngeus sup. vagi. Das mediale derselben sendet ebenfalls ein Zweiglein nach abwärts zu dem die A. thyr. sup. umgebenden Geflecht.

Das nächstuntere aus dem Ganglion tretende Ästchen zieht wieder zum Glomus caroticum. Dann folgt eine stärkere Anastomose zum N. laryngeus sup. vagi. Von dieser zieht ein Zweiglein zu dem an der gleichen Stelle aus dem Ganglion cerv. sup. austretenden nächstunteren Ästchen, das mit einem Zweig aus dem, in der Mitte des lateralen Schenkels aus dem oberen Halsganglion austretenden Aste zu einem medialwärts ziehenden Nerven zusammentritt. Dieser anastomosiert mit dem Plexus der A. thyr. sup., gibt einige Anastomosen zum

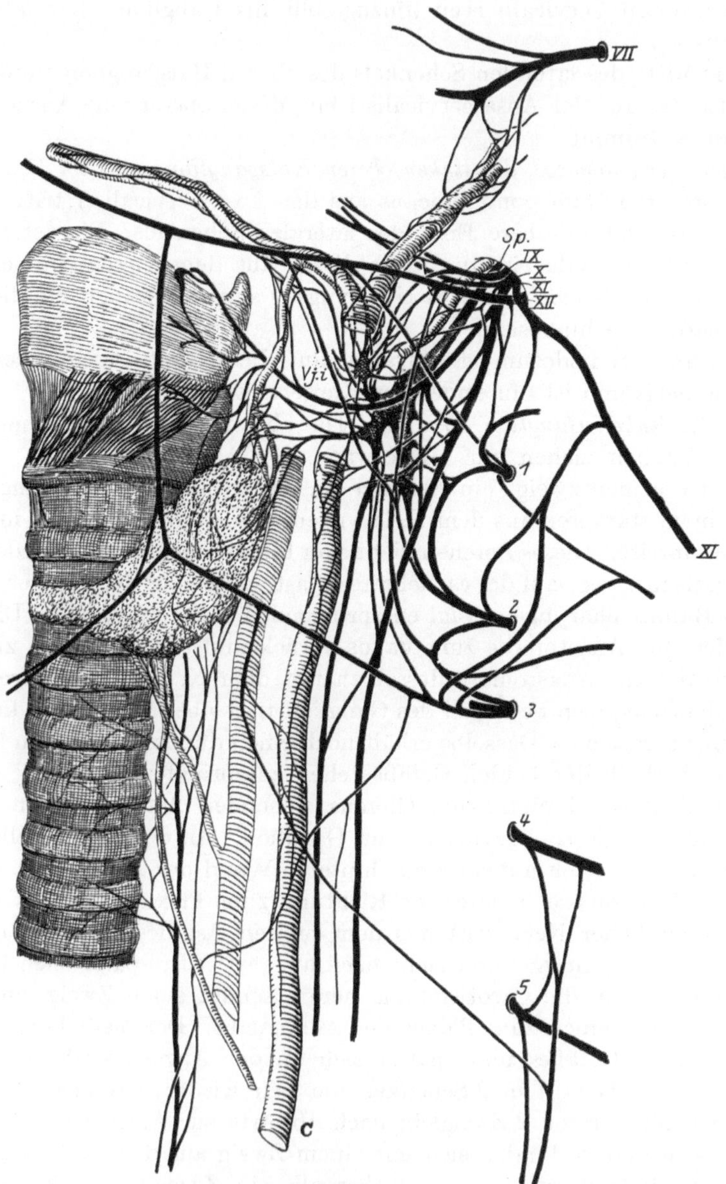

Abb. B₂. Linker Halsgrenzstrang von Pavian 1. *V.j.i.*=Äste zur Vena jugularis int.;
übrige Bezeichnungen wie in Abb. B₁.

Plexus der seitlichen Pharynxwand und bildet zusammen mit einem Ast aus
dem N. laryngeus sup. vagi den Ramus externus dieses Nerven. Auch gibt er
ein Ästchen zum Plexus an der Innenseite der Schilddrüse ab (in Abb. 2 punktiert gezeichnet). Der N. laryngeus dieser Seite ist viel schwächer.

Der aus der Mitte des medialen Schenkels austretende stärkere Ast des
oberen Halsganglions gibt über der A. carotis communis einen Ast an deren Plexus

und teilt sich hierauf in 3 Ästchen. Das obere zieht zum Plexus an der Innenseite des linken Schilddrüsenlappens, welcher im wesentlichen einen Gefäßplexus um die inneren Äste der oberen Schilddrüsenarterie darstellt, der aber auch einige Zweiglein direkt in die Substanz der Drüse hineinschickt. Die beiden unteren ziehen zum Plexus am oberen Pol des linken Schilddrüsenlappens und bilden mit Zweigen des N. recurrens das Kapselgeflecht.

Das Glomus caroticum sendet ein Ästchen *nach abwärts* zur Vorderwand der A. carotis communis, wo es sich mit den vorher beschriebenen und 2 aus dem Vagus kommenden Ästen zum Plexus der A. carotis communis verbindet. Es läßt sich nicht weiter nach abwärts verfolgen.

Nach aufwärts gibt das Glomus 4 Ästchen an die Hinterfläche der Carotisteilung ab. Die beiden medialen bilden im wesentlichen den Plexus an der Hinterwand der A. lingualis, der starke mittlere Ast verbindet sich sowohl mit diesem, als auch mit Ästchen des Plexus caroticus ext.

Der laterale zieht an der Unterseite der A. carotis externa nach aufwärts und ist durch viele Anastomosen mit dem an der Oberseite des Gefäßes verlaufenden Nerven verbunden.

Nach medial und hinten gibt das Glomus 3 Ästchen ab, die mit einem aus dem Plexus der A. lingualis zusammen an die Vena jugularis int. herantreten.

Wir sehen also, daß auf dieser Seite bedeutend mehr Äste aus dem Glomus zu dem oberen Gefäßplexus treten als auf der anderen Seite, wo die Mehrzahl direkt aus dem Ganglion cerv. sup. austritt.

Ohne auf nähere histologische Details einzugehen, die nicht innerhalb des Rahmens dieser Arbeit liegen, möchte ich erwähnen, daß ich das rechte Glomus caroticum bei diesem Pavian histologisch untersucht habe und feststellen konnte, daß zahlreiche Nerven zu den Ganglienzellmassen des Glomus treten, welche von zahlreichen Gefäßschlingen durchzogen sind. Hier nur soviel, um zu zeigen, daß es sich bei der Präparation tatsächlich um ein Glomus und nicht um ein gewöhnliches Ganglion handelte.

Das obere Halsganglion besitzt noch eine weitere Anastomose mit dem Vagus, die etwa in der Höhe von C_3 aus demselben tritt, steil nach aufwärts ziehend mit 2 Ästchen auf der lateralen Seite in den medialen Schenkel des Ganglion cerv. sup. und mit einem dritten stärkeren in die Austrittsstelle des Grenzstrangs aus dem Ganglion einmündet. Von der Austrittsstelle dieser Anastomose aus dem Vagus tritt noch eine zweite ebenso starke nach abwärts zum Grenzstrang.

Der mehrfach erwähnte *N. laryngeus sup.* dieser Seite tritt unterhalb des For. jugulare aus dem Vagusstamme, sendet einen Ast zum Glomus caroticum, nimmt die beiden stärkeren Zweige aus dem Vagus auf, von denen der untere eine Verbindung zum Ganglion cerv. sup. besitzt und verläuft in nach aufwärts konkaven Bogen hinter der A. thyr. sup. zum For. laryngeum. Vor der Arterie sendet er einen Zweig hinauf zum Plexus der A. lingualis. Medial von dem Gefäß gibt er eine Anastomose (Ram. ext.) zu der sympathischen Komponente des Laryngeus sup., welche einen Ram. pharyngeus abgibt, und bildet mit einem eigenen Zweig eine Schlinge. Von dieser auf der Cartilago thyr. gelegenen Schlinge durchbohrt ein Ästchen den Knorpel, ein anderes zieht medialwärts und ins

Perichondrium. Am oberen Rande des Schildknorpels weist sie eine gangliöse Verbreiterung auf.

Nachdem wir nun den oberen Abschnitt des Halssympathicus und Vagus beider Seiten beschrieben haben, wollen wir sie miteinander vergleichen.

Besonders in die Augen springend sind die Unterschiede des oberen Halsganglion beider Seiten, des Glomus caroticum und des Nervus laryngeus sup.

Das linke Ganglion cerv. sup. zeigt durch seine Form und den Eintritt der Rami communicantes, welch ein komplexes Gebilde auch das rechte obere Halsganglion sein muß.

Anderseits zeigt der verschiedene Aufbau des N. laryngeus sup., wie sich die Komponente von Vagus und Sympathicus in verschiedenen Variationen zu dem Nerven vereinigen können.

Im großen und ganzen finden sich aber trotz äußerer Verschiedenheit auf beiden Seiten gleichartige Verhältnisse.

Weitere Beschreibung des Grenzstrangs.

Der Grenzstrang tritt sowohl rechts als links in ein in der Höhe von C_6, gelegenes *Ganglion cerv. med.* ein (*Ggc.* in Abb. *D*).

Das rechte mittlere Halsganglion — etwas breiter als das linke — sitzt unmittelbar über der A. subclavia und lateral vom Stamme des N. vagus, der dicht am Truncus thyreo-cervicalis und vor der A. subclavia herabzieht.

Von oben her erhält es das erwähnte Ästchen aus dem unteren Schenkel der Ansa hypoglossi, das man auch als Ram. communicans aus C_4 auffassen könnte. Oberhalb des Ganglion mündet der nach abwärts ziehende Ast aus dem Ram. cerv. 3 (C_3 auf Abb. C) in den Grenzstrang. Kurz vorher nimmt er noch einen Ast auf, der von lateral herkommend mit einer oberen Wurzel aus C_6 und einer unteren aus dem mittleren der 3 Rami communicantes von C_6 zum Ganglion stellatum stößt. Dieser Ast gibt kurz vor seiner Mündung in den Grenzstrang einen feineren Ast zum N. recurrens ab. Unterhalb desselben tritt aus dem Grenzstrang eine kräftige Anastomose nach medialabwärts zum Recurrens.

Das mittlere Halsganglion hat 3 Anastomosen mit dem medial von ihm gelegenen Vagusstamm, die sämtlich an seiner medialen Kante eintreten. Die unterste entspringt mit 2 Wurzeln aus dem Vagus und sendet ein Ästchen lateralwärts zum Plexus der A. subclavia, das zur A. transv. scap. weiterzieht. Auf diesem Gefäß verbindet es sich mit einem Ästchen aus der lateralen Kante des mittleren Halsganglion, das einen mit 2 Wurzeln (C_3 und C_4) (C_5 und C_6) entspringenden Ram. communicans aufnimmt und ein Ästchen nach abwärts zur Pleurakuppel abgibt.

Aus der medialen Kante des Ganglion treten ferner oben: der hintere Schenkel, unten der vordere Schenkel der *Ansa subclavia* aus. Sie umfassen von beiden Seiten die A. subclavia und münden in den medialen Zipfel des Ganglion stellatum ein. Der vordere Schenkel tritt dabei in 2 Äste gespalten ins Ganglion. Der untere dieser beiden Äste sendet einen Zweig nach aufwärts zu dem aus der untersten Anastomose zwischen Vagusstamm und dem vom Ganglion cerv. med. entspringenden Gefäßast zur A. subclavia. Er selbst, wie dieser aufsteigende Zweig, nehmen je ein Ästchen aus einer Schlinge auf, die zwei Rami communicantes von C_7 zum Ganglion stellatum miteinander verbindet.

Der hintere Schenkel der Ansa vieussenii sendet gleich nach dem Abgang aus dem Ganglion cerv. med. ein stärkeres Gefäßästchen zum Plexus der A. carotis communis, von dem je ein Zweig lateral und medial am Truncus thyreocervicalis zum Plexus der A. anonyma herabtritt.

Aus beiden Schenkeln der Ansa tritt je ein Ästchen, das medialwärts ziehend, sich mit dem anderen vereinigt und zum Plexus subclavius zieht. Nach medial und abwärts tritt aus dem mittleren Halsganglion ein sehr starker *N. cardiacus*, der hinter der A. subclavia nach abwärts zieht. Unterhalb des Gefäßes gibt er einen stärkeren Ast an die A. anonyma ab, der sich in einen nach abwärts ziehenden Zweig zu diesem Gefäß und einen nach aufwärts an die Carotis herantretenden Zweig spaltet. Der Stamm selbst verschwindet hier in Abb. 3 zwischen Aortenbogen und V. cava sup. Wir werden ihn später weiter nach abwärts verfolgen.

Das Ganglion cerv. inf., (*G. st.* in Abb. *D*) welches unterhalb der ersten Rippe liegt, ist von ansehnlicher Größe und verdient den Namen Stellatum, da es mit dem Ganglion thor. 1 verschmolzen ist.

Es erhält aus dem 6. Cervicalnerven 3 Rami communicantes, die vor ihrer Einmündung ins Ganglion miteinander verschmelzen.

Der mittlere gibt die erwähnten Äste nach medialwärts ab. Aus dem 7. Cervicalnerven treten 3 Rami communicantes zum rechten Ganglion stellatum. Der stärkere von ihnen zieht medialwärts und mündet zwischen dem hinteren Schenkel der Ansa vieussenii und den drei Rami communicantes aus C_6 ins Ganglion. Er gibt ein Ästchen an den Plexus der A. transversa scap. und bildet mit dem lateralsten Ram. communicans aus C_7 eine Schlinge, von der das erwähnte Gefäßästchen sowie eine Anastomose zum untersten Ast des vorderen Schenkels der Ansa vieussenii abgeht.

Dieser Ram. communicans besitzt eine Anastomose mit dem einzigen aus C_7 zum unteren Pol des Ganglion tretenden Ram. communicans. Zwischen diesen beiden münden die zwei Rami communicantes aus C_8 ins Ganglion, von denen der obere eine kurze Verbindung mit dem 1. Thorakalnerven hat, der untere vor seiner Einmündungsstelle in das Ganglion einen Zweig zum Ram. interganglionaris Th_1 sendet.

Der *Brustgrenzstrang* wurde auf der rechten Seite bis Th_8 freigelegt. Er hat in diesem Bereich rein segmental angeordnete Ganglien, von denen jedes aus dem zugehörigen Intercostalnerven einen Ram. communicans erhält. Das Ganglion liegt immer etwas oberhalb des zugehörigen Intercostalnerven.

Nach medial verlassen den Grenzstrang feine Ästchen teils aus den Ganglien, teils aus den Rami intergangl., bilden Schlingen untereinander, durch welche zum Teil die Intercostalgefäße treten. Die von den Schlingen abgehenden Nerven treten zu den Gefäßen. Der oberste dieser Nerven geht direkt vom Ganglion stellatum ab und zieht zum Plexus über die Vv. pulm. dextrae und weiterhin zum linken Vorhof. Hier endigt auch ein Ästchen aus dem 8. Brustganglion.

Wir finden also hier im Brustteil des Grenzstrangs die gleiche Schlingenbildung, wie wir sie beim Orang beschrieben haben.

Aus dem oberen Pol des rechten Ganglion stellatum tritt ferner ein Ästchen zum Plexus der A. pericardiaco-phrenica. Unterhalb diesem tritt ein Ästchen zur Pleurakuppel aus. Dieses gibt außerdem ein Ästchen an die unterste Phrenicuswurzel ab.

Wir wollen gleich hier den N. phrenicus beschreiben, da er hier in enge Beziehungen zum Sympathicus tritt (Nebenphrenicus).

Der rechte N. phrenicus entspringt mit kräftigen Wurzeln aus dem 3. und 4. Cervicalnerven, die sich alsbald zum Stamm vereinigen, und nimmt in Höhe der oberen Thoraxapertur eine kräftige 3. Wurzel aus dem 8. Cervicalnerven (Nebenphrenicus) auf, die in 3 Äste gespalten in den Nerven eintritt. Diese nimmt die erwähnte Anastomose aus einem Aste des Ganglion stellatum auf und gibt ein Ästchen medialwärts ab. Dieses spaltet sich in einen aufsteigenden Zweig, der zum Plexus der A. transversa scapulae und einen absteigenden, der zum Plexus der A. pericardiaco-phrenica führt. Auch der aufsteigende gibt einen feinen Faden an diesen Plexus.

Im weiteren Verlauf gibt der N. phrenicus zahlreiche starke mediale Äste zur V. cava sup. und, wie aus der Abb. 3 ohne weiteres ersichtlich, medial zur Pleura pericardiaca, ferner laterale zur Pleura pulmonalis ab. Ich möchte gleich erwähnen, daß ich bei jedem Objekt, bei dem ich den Phrenicus präpariert habe, solche Äste nachweisen konnte. Sie splittern sich peripherwärts sehr rasch auf und werden so dünn, daß sie makroskopisch nicht mehr zu verfolgen sind.

Die obersten beiden entspringen in gleicher Höhe aus dem Nerven. Der mediale zieht zum Plexus der V. cava sup. Der lateral entspringende gibt zuerst ein Ästchen zur Pleura pulmonalis und verzweigt sich dann, medialwärts umbiegend, an der Umschlagstelle des Perikards um die obere Hohlvene. Der dritte und vierte Ast bilden zusammen eine Schlinge, von der aus mehrere feine Ästchen in medialer Richtung an das Perikard treten. Die beiden nächstfolgenden Äste treten ohne Schlingenbildung an das untere Drittel der rechten Perikardhälfte. Auch lateralwärts treten 2 Ästchen aus dem Phrenicus, die sowohl unter sich als mit den oberen anastomosieren und sich über der Pleura pulmonalis verzweigen. Die Verzweigungen der oberen medialen Äste anastomosieren mit den vom rechten N. cardiacus zur Vena cava sup. und zum Perikard ziehenden Nerven. Diese Verhältnisse übersieht man auf Abb. 3.

Der linke Halsgrenzstrang besitzt oberhalb des mittleren Halsganglion eine Anastomose mit dem N. recurrens sin., ferner 2 mit dem Vagusstamme. Die obere zieht vom Grenzstrang nach aufwärts und mündet in 2 Schenkel geteilt in den Vagus. Von der unteren zieht ein Ast nach medial-abwärts, der zu einem nach medialwärts abzweigenden Vagusaste tritt, welcher zum Perikard hinabzieht und dieses durchbohrt. An der Stelle, an der die Anastomose nach medial-abwärts zum Vagus abgeht, zweigt nach lateral-abwärts ein Ast ab, der ins linke Ganglion stellatum einmündet. Er zieht parallel zum hinteren Schenkel der Ansa Vieussenii. Diese tritt hier zum größten Teil nicht direkt aus dem mittleren Halsganglion, sondern der Grenzstrang teilt sich schon vor dem mittleren Halsganglion in 2 Nerven, die untereinander durch eine Queranastomose verbunden sind. Es tritt ein stärkerer Ast etwas oberhalb des Ganglion cerv. med. aus dem Grenzstrang und nach lateral-abwärts, nimmt eine starke Anastomose aus dem oberen Pol des Ganglion auf und teilt sich in den hinteren Schenkel der Ansa subclavia, der hinter dem Gefäß zum Ganglion stellatum zieht, und in den oberen vorderen Schenkel, der nach Aufnahme des unteren Schenkels aus dem Gangl. cerv. med. ins Ganglion stellatum tritt. Somit bestehen auf der linken Seite je 2 vordere und 2 hintere Schenkel der Ansa subclavia. Von dem isoliert verlaufenden oberen Schenkel der Ansa Vieussenii zweigen mehrere (Abb. 4) Ästchen ab. Gleich nach dem Austritt tritt ein Ästchen nach abwärts, das einen Zweig zum Grenzstrang zurücksendet und in eine Anastomose des Ganglion cerv. med. mit dem Vagus einmündet. Das nächstfolgende Ästchen tritt in die Anastomose, die vom vereinigten hinteren, unteren und vorderen oberen Schenkel der Ansa Vieussenii zum oberen Pol des mittleren Halsganglion herüberzieht. Das nächstfolgende Ästchen verbindet sich mit einem aus der Ansa hypoglossi nach abwärts zum Perikard tretenden Nerven, der an der Pleura Ästchen zum Plexus suprapleuralis abgibt. Das vierte Ästchen zieht ebenfalls zu diesem Plexus.

An diesen isoliert verlaufenden oberen sowie an den unteren hinteren Schenkel der Ansa subcl. tritt je ein Zweig aus einem von C_5 zum Ganglion stellatum tretenden starken Ram. communicans, der einige Ästchen zum M. longus colli abgibt. Von diesem tritt auch ein Ästchen an den vorderen oberen Schenkel der Ansa.

Das Ganglion cerv. med. gibt nach medial- und abwärts einen Zweig ab, der den ersten Ast aus dem oberen, hinteren Schenkel der Ansa subclavia aufnimmt, dann je eine Anastomose nach auf- und nach abwärts an den Vagusstamm abgibt und einen stärkeren Zweig nach abwärts sendet, der hinter der A. subclavia herabzieht und in den erwähnten, aus dem unteren Schenkel der Ansa hypoglossi kommenden Nerven einmündet. Dieser erhält einen Ast aus dem Ram. communicans von C_5 zum Ganglion stellatum und eine Anastomose aus dem dritten, vom oberen hinteren Schenkel der Ansa subclavia abzweigenden Ästchen und gibt wie dieses ein Ästchen zum Plexus der V. cava sup. herunter, zu dem sich noch eines aus dem linken unteren Vagus gesellt. Diese Ästchen gehören dem Plexus intervisceralis an, der aus Verbindungszweigen der großen Gefäßplexus gebildet wird.

Rami communicantes, die zum linken mittleren Halsganglion ziehen, sind hier nicht direkt nachweisbar. Es zieht freilich von C_2 ein stärkerer Ast nach medialwärts in die beiden hinteren Schenkel der Ansa Vieussenii, so daß man in ihm einen zum Ganglion cerv. med. ziehenden Ram. communicans annehmen kann.

Merkwürdig ist es, daß auf der linken Seite von C_5 auf der rechten Seite von C_3—C_5 eine Verbindung mit dem mittleren Halsganglion besteht.

Das Ganglion cerv. inf. ist auch auf der linken Seite mit dem Ganglion thor. 1 zu einem sehr ansehnlichen *Ganglion stellatum* verschmolzen, das zum großen Teil unterhalb der ersten Rippe liegt.

An Rami communicantes erhält es vom fünften Cervicalnerven her einen sehr starken der noch einen schwachen, von C_6 aufnimmt und gemeinsam mit einem aus 2 Wurzeln von C_6 kommenden Ram. communicans in den oberen Pol des Ganglion mündet.

Von diesem Ram. communicans aus C_4 zweigen oberhalb des Zweiges aus C_6 3 medialwärts ziehende Ästchen ab und unterhalb derselben ein stärkeres. Das oberste gibt, wie erwähnt, je ein Ästchen an den hinteren, oberen und unteren Schenkel der Ansa subclav. ab. Das nächstfolgende zieht zum vorderen Schenkel der Ansa. Der dritte Ast zieht nach abwärts zum Plexus der A. mammaria int. Kurz nach dem Austritt erhält er einen Zweig aus dem siebenten Cervicalnerven, von dem ein Ram. communicans nach abwärts zum Ganglion stellatum abzweigt. Der stärkere, weiter unten vom Ram. communicans (5—6) abgehende Ast zieht unter der A. mammaria int. hindurch und mündet in den Nerven aus dem unteren Schenkel der Ansa XII. Weitere Rami communicantes erhält das Ganglion stellatum von C_7, C_8 und Th_1.

Aus C_2 erhält es einen mit doppelter Wurzel entspringenden, der an der lateralen Kante ins Ganglion tritt. Der andere neben ihm entspringende tritt hingegen an der medialen Kante ins Ganglion.

Der aus C_8 mit 2 Wurzeln entspringende Ram. communicans mündet ebenfalls an der medialen Kante in das Ganglion stellatum, und zwar an derselben Stelle wie der obere, hintere Schenkel der Ansa subclavia, zu dem er auch einen Zweig schickt.

Aus diesem Schenkel bezieht auch ein Ästchen, das zur Pleura zieht, eine Wurzel, die andere aus dem achten Cervicalnerven.

Aus dem ersten Thorakalnerven tritt ein Ram. communicans zum Ganglion. Von ihm zweigt ein Ast ab, der im Bogen zum vereinigten vorderen Schenkel der Ansa Vieussenii zieht. Von diesem treten 2 Zweige zum Plexus suprapleuralis. Der obere gibt eine Anastomose zum N. phrenicus ab.

Der linke N. phrenicus entspringt mit einer oberen Wurzel aus dem vierten Cervicalnerven, der mit der Ansa cervicalis 4 anastomosiert, und einer unteren aus dem fünften Cervicalnerven. In Höhe der oberen Thoraxapertur nimmt er die eben erwähnte Anastomose auf und zieht dann weiter zum Perikard. Hier nimmt er einen ziemlich starken Ast aus dem rechten N. cardiacus medius auf, von dem auf der rechten Seite einige Ästchen zum Aortenplexus und in der Mitte ein stärkerer Zweig zum Perikard abgeht und der zusammen mit Ästen aus dem N. card. med. der rechten Seite und dem linken Vagus und Sympathicus den mittleren Teil der oberen Perikardhälfte innerviert.

Er zieht genau dem Verlaufe der linken Vena pericardiaco-phrenica entlang, überquert also wie diese das Perikard. Dieses Gefäß macht einen scharfen Bogen um den linken Phrenicus herum und läuft dann diesem und dem linken Perikard entlang nach abwärts zum Zwerchfell.

Der N. phrenicus gibt auf der linken Seite im Gegensatz zur rechten zum Perikard 2 kleine Ästchen ab, die sich zu einer Schlinge vereinigen, von der drei Zweiglein ins Perikard einstrahlen und kurz vor dem Zwerchfell noch einen stärkeren medialwärts verlaufenden, der sich an der linken Unterseite des Perikards aufteilt und mit dem der anderen Seite offenbar anastomosiert.

In lateraler Richtung zur Pleura mediastinalis vom Phrenicus abzweigende Ästchen wurden hier nicht gefunden. Jedoch tritt dafür ein Zweig aus dem vom linken Vagusstamm zum Perikard tretenden Ast zur Pleura, wo er sich aufsplittert. Dieser Vaguszweig verläßt den Stamm in der Höhe des Aorten-

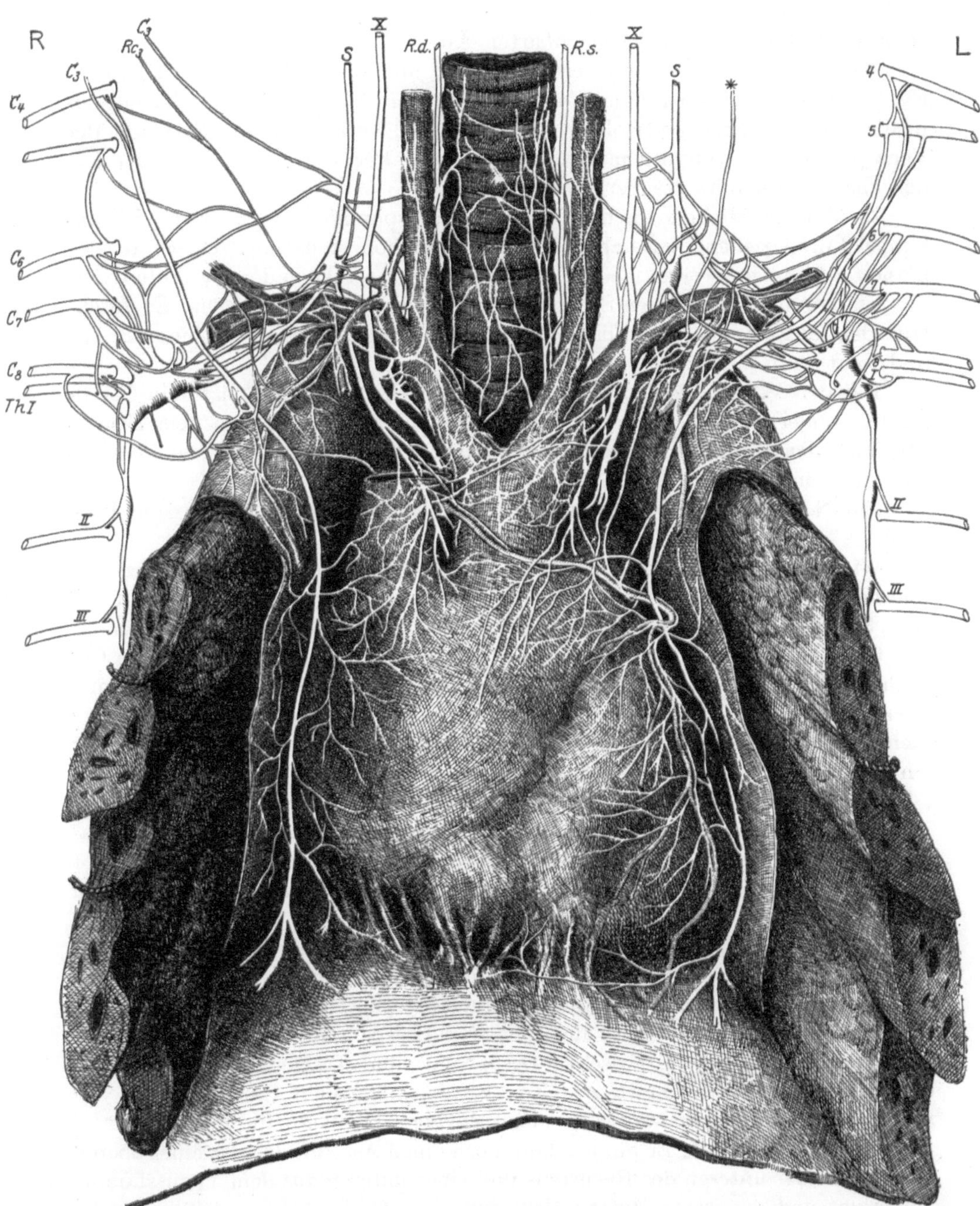

Abb. C. Oberflächliche Schicht von Pavian 1 (Perikardinnervation). *R.d.* = Recurrens dexter; *R.s.* = Recurrens sinister; ' *C₃* und *Rc₃* = Rr. communicantes aus *C₃* (vgl. Abb. B₁); * = Ram. cardiacus hypoglossi (auf der rechten Seite zwischen *S* = Sympathicus und *X* = Vagus).

bogens, zieht über die A. pulmonalis bzw. deren Perikardüberzug, überschreitet die V. pericardiaco-phrenica und verästelt sich dann. Seine Verzweigungen anastomosieren mit denen der benachbarten Äste.

Neben dem Vagusstamm verläuft lateral und parallel zu ihm ein feinerer Nerv, der sich nach oben einerseits in das mittlere Halsganglion, anderseits bis in die Ansa hypoglossi verfolgen läßt. Terminal verläuft dieser Nerv mit der Vena pericardiaco-phrenica mit den noch zu erwähnenden Ästen und innerviert den oberen Abschnitt des Perikards.

Zu ihm gesellt sich an der V. pericardiaco-phrenica ein über die Pleurakuppel hinwegziehendes Ästchen aus dem Ganglion stellatum. Dieses anastomosiert mit einem zweiten medial gelegenen, dem lateralsten der erwähnten vier, die von dem oberen hinteren Schenkel der Ansa subclavia abzweigen. Es durchtritt den Plexus suprapleuralis, wo es mit mehreren Ästchen Verbindung hat und zieht dann zum Perikard.

Das der V. pericardiaco-phrenica entlang ziehende Geflecht ist kein Gefäßplexus, sondern lediglich ein die Vene begleitendes Geflecht, von dem Nerven zur linken Perikardhälfte abzweigen. Es hat mit dem obersten Phrenicusästchen eine Anastomose.

Der N. phrenicus gibt nach medial 3 Ästchen aus einer Schlinge zum Perikard.

Wir sehen also, wie hier die Perikardinnervation aus mehreren, ganz verschiedenen Quellen erfolgt, was am besten zu erkennen ist, wenn man auf der Abb. 3 die Äste proximalwärts verfolgt.

Ganz besonders möchte ich dabei hervorheben, daß dieses perikardiale Geflecht in der Mitte einen Zuschuß von der kontralateralen Seite aus dem mittleren Halsganglion bekommt. Ein analoger Vorgang ist auf der rechten Seite nicht ohne weiteres zu erkennen, obgleich auch hier im allgemeinen Geflecht ein solcher Zug vorhanden sein kann.

Die Beschreibung des oberen Teiles beider Vagi wurde bereits gegeben.

Der rechte N. vagus erhält in Höhe des mittleren Halsganglion 2 kurze Anastomosen aus diesem. Dann tritt er von vorne über die A. subclavia und gibt den N. recurrens ab. Dieser entspringt mit 2 Wurzeln aus dem Stamm des rechten Vagus. Die obere stärkere nimmt nämlich noch eine, weiter unten abtretende, und nach aufwärts ziehende Wurzel auf, von welcher zugleich der oberste Herzast des rechten Vagus abzweigt. Der N. recurrens tritt dann unter der A. subclavia hindurch und erhält an deren Hinterseite eine starke Anastomose aus dem Grenzstrang, die oberhalb des mittleren Halsganglion diesen verläßt, und geht dann in die Furche zwischen Oesophagus und Trachea. Hier nimmt er ein Ästchen aus dem von C_6 zum Grenzstrang ziehenden Ram. communicans auf und gibt nach medial-aufwärts einen stärkeren Ast zum Plexus an der vorderen Trachealwand ab. Er nimmt dann noch einen Ast auf, der mit einer oberen Wurzel aus der unteren des Recurrens und einer unteren aus dem Vagusstamme entspringt und der einen Ast zu dem zwischen Oesophagus und Trachea gelegenen Plexus abgibt. Dann spaltet er einen stärkeren Ast ab, der ihm parallel nach aufwärts zieht und der rechten Trachealwand anliegt. Er gibt in seinem Verlauf eine große Anzahl von Ästchen an den Plexus der vorderen Tracheawand ab, auch einige zu dem Plexus zwischen Oesophagus und Trachea und teilt sich unterhalb der Schilddrüse in mehrere Ästchen auf, die sich zum großen Teil an der Außenseite des rechten unteren Schilddrüsenpols verzweigen. Ein stärkeres Ästchen tritt an die Innenfläche und anastomosiert dort mit den Verzweigungen des erwähnten Astes aus dem Laryngeus sup. Der N. recurrens selbst spaltet, bevor er hinter den Larynx tritt, einige feine Ästchen ab, die ebenfalls an dem Geflecht am unteren Schilddrüsenpol teilhaben.

Die Nerven, welche die A. und V. thyreoidea inf. begleiten und mit ihnen zur Schilddrüse ziehen, treten weiter unten aus dem N. recurrens aus, und zwar an der Stelle, an der die erwähnte Anastomose aus dem Ast von C_6 zum Grenzstrang in ihm eintritt und zum Teil aus dieser Anastomose selbst. Es handelt sich im wesentlichen um je einen Ast aus dem Recurrens und aus der Anastomose. Aus dem letzteren Gefäßast tritt der lateralste Zweig zum Plexus caroticus, die beiden anderen (auf Abb. D mit einer Klammer zusammengefaßt) treten mit dem Ast aus dem Recurrens zum Plexus der A. und V. thyreoidea inf. bzw. vereinigen sich mit den Gefäßnerven des Truncus thyreo-cervicalis (siehe Abb. C).

Kehren wir nun zum Vagusstamme selbst zurück! Aus der unteren Wurzel des N. recurrens entspringt mit 3 kurzen, sich alsbald vereinigenden Ästchen die obere Wurzel des obersten Herzastes aus dem Vagus (Abb. C). Die untere Wurzel tritt etwas weiter unterhalb aus dem Stamm. Aus der Vereinigungsstelle beider Wurzeln tritt ein stärkerer Ast, der sich in einen aufsteigenden, zum Plexus der Hinterwand verlaufenden Zweig und einen medial und dorsalwärts verlaufenden Zweig zum Oesophagus teilt. Letzterer gibt ein stärkeres Zweiglein zum vorderen Trachealplexus ab. Dieser oberste Herzast des rechten Vagus nimmt dann 2 weitere durch eine Anastomose verbundene Wurzeln auf, die weiter unten aus dem Vagus entspringen.

Von der Stelle, an welcher die obere ihn erreicht, zweigt ein stärkerer Ast nach medialwärts ab (Abb. D), der die Vorderwand der Trachea überquerend, in 2 Schenkel geteilt in den linken tiefen Herzplexus eintritt. Auf der Trachea gibt dieser einige Ästchen an deren vorderen Plexus ab.

An der Stelle, an der die untere ihn erreicht, gibt er einen Ast ab, der von hinten her um die Aortenwurzel herumzieht und sich verästelnd, einen Hauptteil ihres Plexus bildet. Der Herzast selbst zieht wie fast alle anderen aus dem rechten Vagus, zunächst über die Trachea bzw. die unteren über den rechten Hauptbronchus zur Vorderseite des rechten Lungenhilus.

Gleich nach Abgabe des Astes zur Aortenwurzel teilt er sich in 2 größere Äste, einen medialen und einen lateralen (Abb. D), die auf Abb. E weiter zu verfolgen sind.

Der laterale nimmt den nächst unteren Ast 2 aus dem Vagus auf, der mediale den Ast 3, der ein Ästchen nach vorne zum Trachealplexus abgibt und mit dem Ast 4 durch 2 Queranastomosen verbunden ist. Hierauf gibt er ein Ästchen zur V. cava sup. ab, durchbohrt das Perikard und bildet einen Ring mit dem Ast 5, der weiter unten aus dem Vagus entspringt und gleichfalls ein Ästchen zum Plexus der V. cava sup. abgibt. Kurz bevor er den Nervenring bildet, verbindet sich mit ihm Ast 4, der zwischen Ast 3 und 5 aus dem Vagus

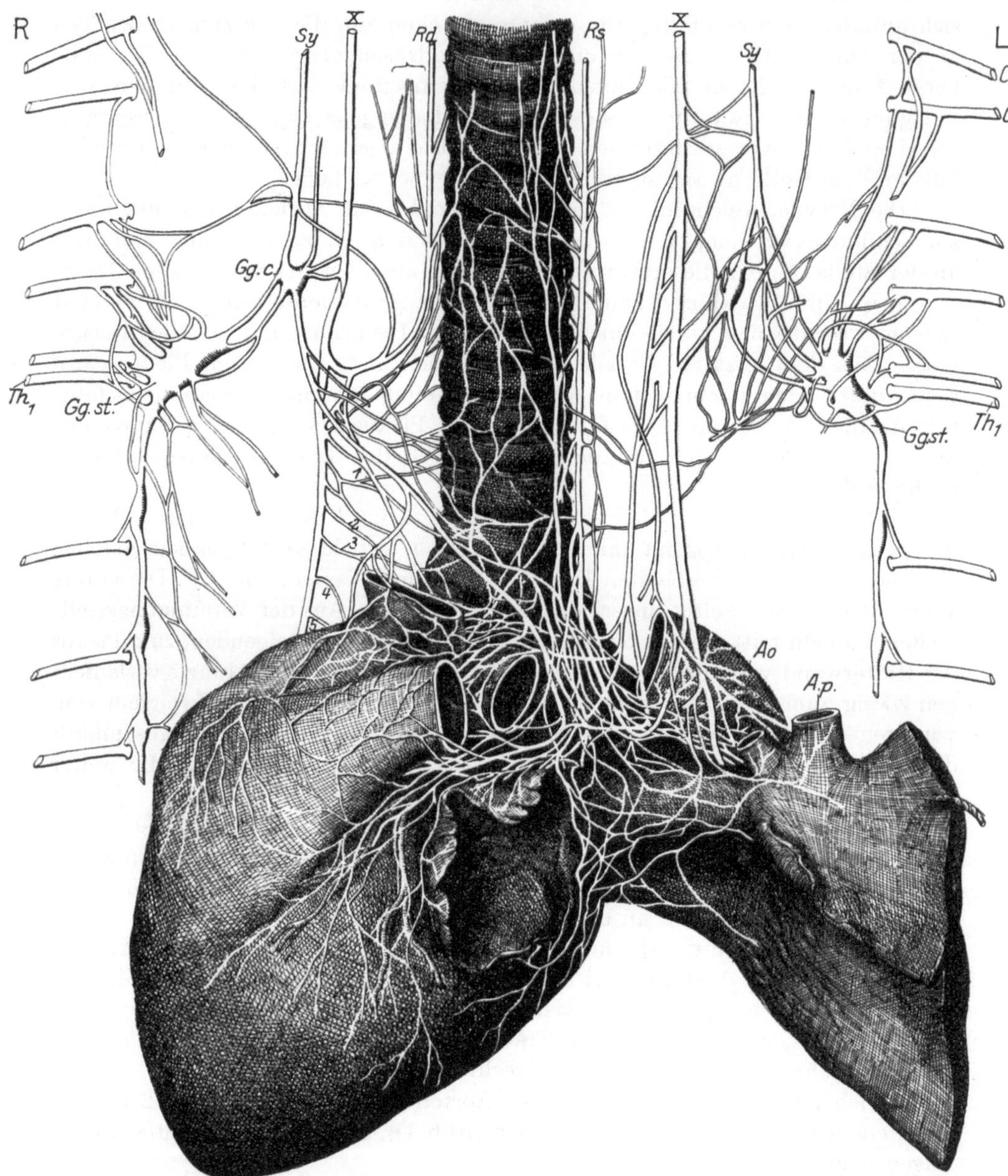

Abb. D. Zweite Schicht von Pavian 1. Aus der Aorta und der Art. pulmonalis sind Stücke entfernt.
Gg. c. = Ganglion cervicale medium; *Gg. st.* = Ganglion stellatum; *Ao* = Aorta; *A. p.* = Art. pulmonalis sin.

tritt. An diesen Nervenring tritt auch ein Ast aus dem linken Recurrens heran, der mit einem Stern bezeichnet ist und hinter der Aorta die Trachea überquert.

Der mediale Zweig des ersten Herzastes zieht nach Aufnahme des Astes 3 an das Perikard heran, durchbohrt dieses ebenfalls und teilt sich in Ästchen auf.

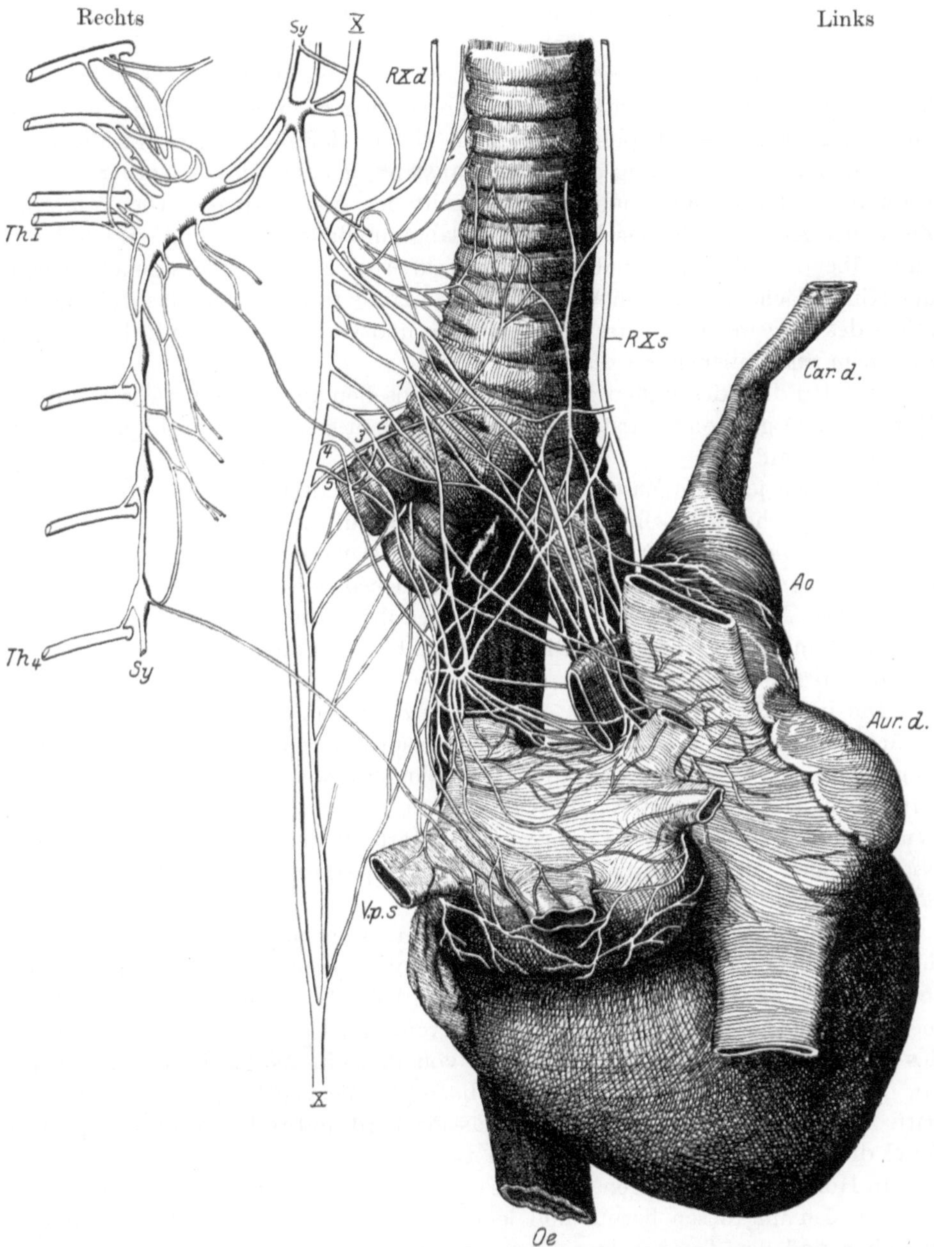

Abb. E. Tiefste Schicht von Pavian 1. Vorhofinnervation. Herz nach links gedreht; daher sieht *V.p.s.* = Vena pulmonalis sin. nach rechts; *Car.d.* = Carotis dextra; *Oe* = Oesophagus; *Aur.d.* = rechtes Herzohr.

Zwei davon ziehen zum Plexus der V. cava sup. bzw. zur Seitenfläche des rechten Vorhofs; ein Ästchen zieht zu dem an den Vv. pulmonales dextrae gelegenen Teil des linken Vorhofgeflechtes und der stärkste Ast tritt unter dem Ram. dext. der A. pulmonalis hindurch zu dem erwähnten Nervenring. Aus diesem treten nach rechts (auf Abb. E nach links) 2 Ästchen und gelangen unter dem Ram. dext. der A. pulmonalis hindurchziehend an das Geflecht der seitlichen Wand des rechten Vorhofs. Sie haben Anastomosen mit dem Geflecht des linken Vorhofs. Nach medialwärts tritt von dem Nervenring noch ein Ästchen, das hinter dem Ram. dext. der A. pulmonalis zum tiefen Herzplexus gelangt. Ein anderes, das aus einem Zweig des Astes 4 austritt, gelangt an der Vorderseite des Ram. dext. der A. pulmonalis zum Geflecht der Aortenwurzel. Dieser laterale Zweig des Astes 4 zieht das Perikard entlang zur linken Seite und verästelt sich dann über den Vv. pulmonales sinistrae (auf Abb. E nach rechts gekehrt) bzw. der Hinterfläche des linken Vorhofs. An letztere treten auch die drei aus der Mitte des Nervenrings austretenden Nerven und verbinden sich mit den übrigen zu einem ansehnlichen Plexus.

An den Teil des linken Vorhofs, der zwischen linker und rechter unterer V. pulmonalis gelegen ist, tritt ein Ästchen aus dem vierten sympathischen Brustganglion heran.

Nachdem jetzt im Zusammenhang mit dem rechten Vagus die Innervation des linken Vorhofes beschrieben ist, möchte ich auf die

Beschreibung des linken Vagus übergehen. Der obere Teil des linken Vagus bis zur Halsmitte ist schon beschrieben. Ebenso wurden bereits die Anastomosen des Vagus mit dem Grenzstrang erwähnt, die oberhalb des Ganglion cerv. med. in diesen eintreten. Die untere gibt ein Ästchen an die obere Wurzel des großen N. card. med. sinister ab.

Die linke Seite besitzt, wie die Abb. D zeigt, nur einen eigentlichen, aber dafür sehr starken N. cardiacus. Dieser entspringt mit drei Wurzeln aus dem Vagusstamme. Und zwar tritt die obere Wurzel etwa in Höhe des oberen, die mittlere in Höhe des unteren Pols des mittleren Halsganglion aus; die untere Wurzel verläßt den Vagusstamm etwas unterhalb der Stelle, an welcher der N. card. med. in ihn eintritt (womit der sympathische N. card. med. seine Selbständigkeit verloren hat).

Die untere Wurzel sendet einen stärkeren Zweig nach aufwärts, der hinter der A. subclavia zum Plexus der linken A. carotis communis zieht. Ferner einen schwächeren zur Trachea und zur Subclavia (Abb. C). Dieser Herzast gibt noch mehrere feine Ästchen zum Plexus des Aortenbogens und jene beiden zur Mitte des Perikards ziehenden. Ferner zweigt von ihm ein Ast nach lateral-abwärts ab, der zu dem die linke Vena pericardiaco-phrenica entlangziehenden Nerven tritt. Dann durchbohrt der Herznerv das Perikard und teilt sich in drei größere Äste, die unter dem Aortenbogen zum tiefen Herzplexus treten.

In Höhe des Aortenbogens tritt aus dem Vagusstamm der linke N. recurrens, schlingt sich um diesen herum und legt sich dann seitlich dem linken Hauptbronchus und der Trachea an. Er zieht mitten durch das tiefe Herzgeflecht und gibt, nachdem er durch dieses hindurchgetreten ist, zwei Äste an dasselbe ab.

Der untere teilt sich in einen medial und einen lateralwärts ziehenden Zweig. Der mediale tritt zum tiefen Herzgeflecht, der laterale an die Hinterwand der Aorta. Der obere nimmt einen, dem Recurrens entlang laufenden Nerven auf, der aus Ästchen des Recurrens gebildet wird, sendet unter dem Aortenbogen durchtretend ein Ästchen zur Vorderwand der Aorta, anastomosiert mit dem tiefen Herzgeflecht und geht auf der peripheren und vorderen Plexus der Vv. pulmonales über.

Weiter oben entspringt aus dem Recurrens der bereits erwähnte Ast, der schräg über die Trachea ziehend, sich mit dem erwähnten Nervenring vereinigt. Er gibt gleich nach seinem Abgang einige Zweiglein zum Trachealplexus ab.

Wenn wir noch Einzelheiten besonders betonen dürfen, so möchte ich die Aufmerksamkeit des Lesers besonders darauf richten, daß die Teile des Herzens doppelseitig innerviert werden. Dies trifft sowohl für die beiden Cornararterien, wie für die beiden Ventrikel und Vorhöfe zu.

Man kann dies am besten erkennen, wenn man von den distalen Teilen die Nerven proximalwärts verfolgt. So z. B. kommt man, wenn man das Geflecht der A. coron. sinistra herauf verfolgt, zu der Schlinge, die sowohl zum rechten wie zum linken großen Herznerven und weiterhin zum Ganglion cerv. med. führt. Über diesem die Trachea überquerenden Nerven entspringt ein stärkerer Nerv, welcher zunächst einen Ast steil nach aufwärts zum Trachealplexus sendet, dann an der linken Seite der Trachea parallel zum N. recurrens nach abwärts zieht und sich am Herzplexus in einen medialen und einen lateralen Ast spaltet. Mit dem lateralen verbindet sich der laterale Zweig des aus dem Ast 1 des Vagus kommenden und quer über die Trachea ziehenden Nerven zu einem Ast, der im Herzplexus einen medialen Zweig an die vom rechten und linken Herzast gebildete Schlinge abgibt und einen lateralen zum Geflecht an der Vorderwand der Aorta descendens. Der mediale Ast dieses aus dem Recurrens kommenden Nerven nimmt am Herzplexus eine Anastomose aus dem untersten, vom Recurrens abgehenden Nerven auf und eine weitere aus dem linken N. card. med. und teilt sich dann in dem Endgeflecht am linken Ventrikel auf. Vorher gibt er noch ein Ästchen zum vorderen Plexus der Venae pulmonales ab. Auf der Zeichnung sind diese Verhältnisse zu verfolgen, wenn man ihn mit einer Nadel von seinem Ursprung aus dem N. recurrens an, nach abwärts durch den Herzplexus hindurch verfolgt.

Der lateralste Ast des aus dem Vagus kommenden und quer über die Trachea ziehenden Nerven, gibt zunächst einige Zweiglein ab, die mit solchen aus dem obersten Ast des linken großen Herznerven zum Plexus an der Hinterwand der Aortenwurzel ziehen, von denen der laterale zu der von den beiden großen Herzästen gebildeten Schlinge tritt, der mediale hingegen sich in drei feinere Fäden teilt.

Der laterale dieser Fäden tritt hinter die V. pulmonalis, der vordere an den Plexus der A. coronaria sin. und der mediale zieht unter dem Ram. dexter der A. pulmonalis an deren Geflecht.

Zu erwähnen wäre an dieser Stelle der unterhalb des Recurrensabgangs nach medialwärts aus dem linken Vagus tretende stärkere Nerv, der ein Ästchen an das Perikard abgibt und zwei weitere, die dasselbe durchbohrend zum Plexus der A. und V. pulmonalis sin. treten.

In Höhe der Anastomosen des Grenzstrangs mit dem N. recurrens gibt dieser drei Ästchen an den vorderen Trachealplexus ab. Der lateral dem Recurrens zum Herzplexus herablaufende Nerv gibt an dieser Stelle mehrere Zweiglein zu dem zwischen Trachea und Oesophagus gelegenen Plexus. Er erhält hier zwei Zweiglein aus dem N. recurrens und zieht nach aufwärts zum unteren Pol der Schilddrüse, wo er sich verzweigt. Ein Ästchen zieht auch zum unteren Epithelkörperchen. Vorher gibt es noch ein Zweiglein zur A. carotis communis ab.

Weiter oben treten noch mehrere Ästchen vom N. recurrens an die Trachea heran, von denen einige zum Plexus der A. und V. thyreoidea inf. treten. Hier spaltet der N. recurrens noch ein laterales Ästchen zum unteren Pol der Schilddrüse ab und tritt dann zum Kehlkopf.

Zu erwähnen wäre noch ein unterhalb der Anastomosen zwischen Vagusstamm und oberem Halsgrenzstrang entspringender stärkerer Ast, der dem Vagusstamme parallel und medial von diesem nach abwärts verläuft, an den Aortenplexus zwei Ästchen (abgeschnitten) abgibt und eine Anastomose zu einem der zum Plexus der A. pulmonalis ziehenden Vagusäste abgibt.

Wenden wir uns nun dem rechten N. cardiacus med. zu! Dieser tritt aus dem rechten Ganglion cerv. med., zieht unter der A. subclavia nach medial und abwärts. Er gibt zunächst einen Ast in gleicher Richtung an die A. anonyma und etwas weiter unten den mit der V. pericardiaco-phrenica quer über das Perikard ziehenden Ast zum linken N. phrenicus. Dieser gibt zusammen mit dem Herznerven einige Ästchen zum Plexus der V. anonyma und zum Plexus aorticus ab. Der rechte N. cardiacus sendet außerdem ein Ästchen zum Plexus der oberen Hohlvene und zwei Nerven zum Perikard und gelangt hinter der Aorta ascendens zum tiefen Herzplexus (Abb. C und D). Bevor er diesen erreicht, zweigt von ihm ein stärkerer Ast ab, der mit einem Zweig aus dem rechten Herzast anastomosiert und mit diesem zusammen über den Ram. dext. der A. pulmonalis in die Senke zwischen Aorta und Pulmonalis eintritt. Hier hat er teil an dem Plexus über der A. pulmonalis und dem Geflecht an der Aortenwurzel, die beide durch feine Anastomosen miteinander verbunden sind und schließt sich als Begleitgeflecht der A. coronaria dext. an. Einige seiner Ästchen treten an die rechte Aurikel, andere, stärkere zur Muskulatur der rechten Kammer. Also auch hier das gleiche Verhalten wie beim Orang, daß Aurikel und rechte Kammer innerviert werden von dem die A. coronaria dext. begleitenden Geflecht.

Hinter dem Aortenbogen, also im Herzgeflecht teilt sich der rechte N. cardiacus in 2 Schenkel, die beide mit dem untersten und stärksten Ast des linken Herznerven zusammen eine Schlinge bilden, die deutlichst auf Abb. D als Querbalken am unteren Rande des ausgeschnittenen Aortenbogens erkennbar ist. Von ihr zweigen nach links mehrere plexusartig verbundene Ästchen zum Geflecht der Aorta descendens ab. Nach rechts tritt sowohl vom lateralen Schenkel des rechten Herznerven, wie von dessen Fortsetzung je ein stärkerer Ast zwischen die A. pulmonalis und ihren Ram. dexter und ziehen, sich plexusartig verbindend, zwischen Aorta und A. pulmonalis zur Atrioventrikulargrenze. Die untere Fortsetzung des lateralen Schenkels des rechten Herznerven teilt sich in mehrere starke Zweige auf, die unter sich und mit den übrigen Herznerven durch starke Anastomosen mit Ästen des übrigen Herzplexus verbunden zur Muskulatur des linken Ventrikels ziehen. In diesen tritt ein Ast aus der erwähnten Schlinge, der zwischen den beiden Schenkeln des rechten Herzastes nach unten tritt und einen Zweig zum Plexus der Vv. pulmonales sinistrae abgibt. Von der Fortsetzung des lateralen Schenkels des rechten N. cardiacus treten einerseits Anastomosen zum Plexus der A. pulmonalis, anderseits Ästchen der A. coronaria sin., deren Verzweigungen sie plexusartig umgeben. Zu ihnen gesellt sich ein Zweig aus dem die Trachea überquerenden Ast vom rechten Vagus. Außerdem tritt noch ein Ästchen aus dem Geflecht hinter der oberen linken Vena pulmonalis von der linken Aurikel bedeckt, an die es mehrere Zweiglein abgibt, vermittels Anastomosen zu diesem Geflecht.

Beschreibung des Hals- und Herzsympathicus und Vagus von Pavian 2.

Es handelt sich bei Pavian 2 und Macacus um Exemplare, die nicht mehr ganz intakt waren. Bei beiden war nämlich die Regio trachealis und der Kehlkopf und ein Teil des vorderen Mediastinum auspräpariert. Die tiefen Schichten waren dagegen intakt.

Pavian 2. Der Hals-Sympathicus und Vagus.

Auf der linken Seite besitzt der Halsgrenzstrang drei Ganglien. Das Ganglion cerv. sup. besitzt 2 Anastomosen mit dem Ganglion nodosum. Von der unteren derselben entspringt der N. laryngeus sup. sofort in seine beiden Rr. ext. und int. geteilt.

Das linke Ganglion cerv. sup. erhält Rami communicantes aus C_1, C_2 und C_3, letzterer gibt auch einen Zweig an den Truncus sympathicus unterhalb des Ganglion ab.

Das mittlere Halsganglion liegt sehr tief in Höhe von C_8 und ist mit dem Ganglion stellatum verbunden. Es erhält einen gemeinsamen Ram. communicans aus C_6 und C_7.

Das Ganglion stellatum erhält Rami communicantes aus C_7, C_8 und zwei aus Th_1. Es ist mit dem Ganglion Th_2 durch eine Schlinge verbunden.

Herznerven. Der oberste N. cardiacus tritt oberhalb des Ganglion cerv. med. aus dem Truncus sympathicus. Das Ganglion cerv. med. gibt drei Nn. cardiaci ab, von denen der mediale einen Ast aus dem Ram. interganglionaris Th_2 bis Th_3 aufnimmt.

Das Ganglion stellatum und das Ganglion Th_2 geben je einen N. card. inf. ab.

Das linke Ganglion nodosum besitzt die beiden derben Anastomosen mit dem Ganglion cerv. sup. und außerdem eine breite mit dem Stamm des N. hypoglossus. Es liegt außerhalb des For. jugulare.

Der Vagusstamm gibt in Höhe von C_7 3 feine Rr. cardiaci ab, die unter sich durch Anastomosen verbunden, zum Herzplexus ziehen (Abb. G_2).

Auf der rechten Seite hat das Ganglion cerv. sup. nur eine Anastomose mit dem Ganglion nodosum vagi. Es erhält drei Rami communicantes aus den oberen drei Cervicalnerven. Der N. lar. sup. tritt auf dieser Seite aus dem Ganglion nodosum, und zwar an derselben Stelle, wo die Anastomose mit dem Ganglion cerv. sup. eintritt. Das Ganglion cerv. sup. gibt einen starken Ast nach medial hinten ab, der mit Ästen aus den N. glossopharyngeus anastomosierend am Pharynxplexus Anteil hat. Unterhalb der Ganglien anastomosieren Vagus und Sympathicusstamm miteinander. Aus dem Vagus tritt gleich nach seinem Austritt aus dem Ganglion nodosum ein Ast, der ihm parallel läuft, ein Zweiglein aus dem Ganglion cerv. sup. aufnimmt und wieder in den Vagusstamm eintritt. Vom Vagusstamm treten zwei Anastomosen an die beiden Rami extt.

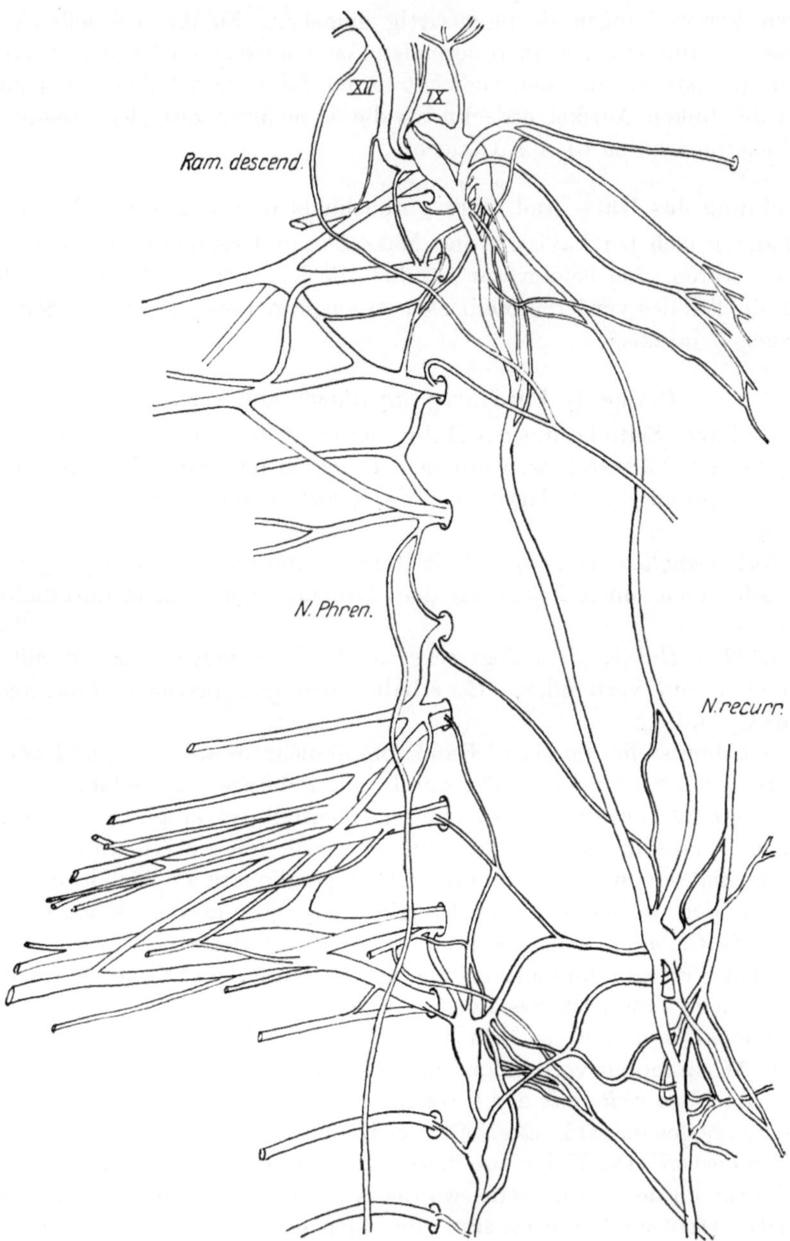

Abb. F₁. Rechter Halsgrenzstrang von Pavian 2.

In Höhe von C_7 liegt das *Ganglion cervicale medium*, also etwas höher als das der rechten Seite. Es liegt an der Verzweigungsstelle von Vagus und Sympathicusstamm und ist von letzterem nicht zu trennen. Aus ihm treten die beiden Schenkel der Ansa Vieussenii heraus. Der hintere zieht an das Ganglion stellatum, der vordere zum Ganglion Thor. 2. Beide sind miteinander durch Anastomosen verbunden. An den hinteren tritt ein Ast aus dem Ram. communicans von C_6 und C_7. Der vordere gibt eine Anastomose zum Vagus und Recur-

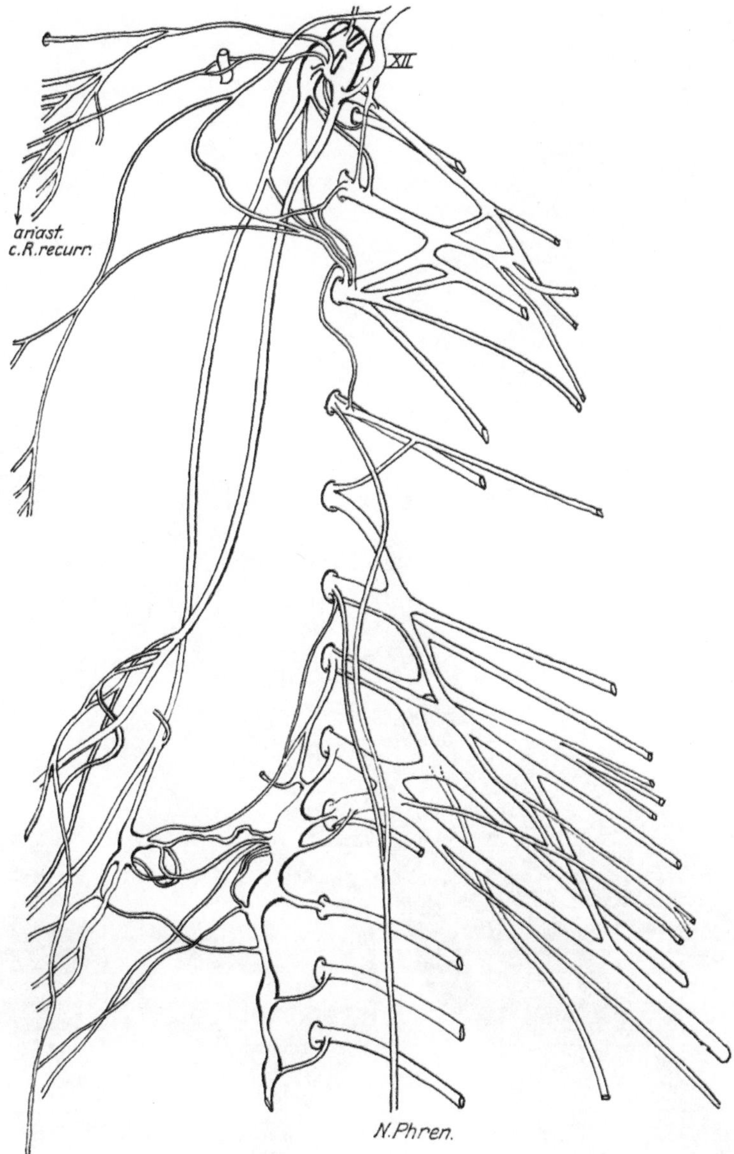

Abb. F$_2$. Linker Halsgrenzstrang von Pavian 2.

rens und erhält einen Zweig aus der Schlinge, die vom hinteren Schenkel nahe dem Ganglion stellatum entspringt und zum Ram. interganglionaris Thor. 2 führt. Das mittlere Halsganglion sendet eine starke Anastomose zum rechten Recurrens.

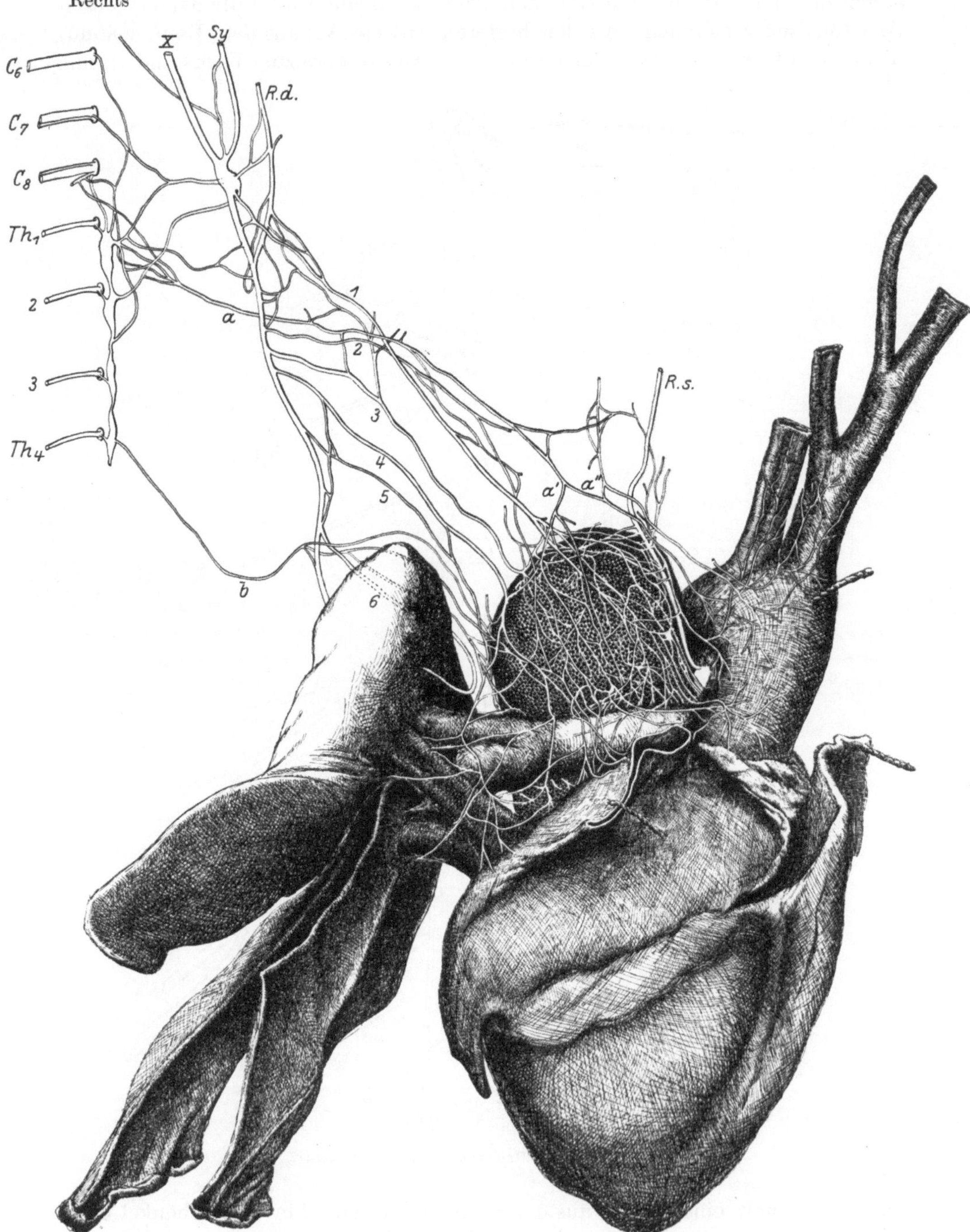

Abb. G₁. **Pavian 2. Aorta und Herz nach links verzogen. Thymus punktiert.** a = N. cardiacus inf.; a_1 und a_2 seine **Endäste**; b = N. cardiacus imus; 1 = N. cardiacus med. und R. cardiacus des Recurrens; 2—5 = Rr. cardiaci des Vagus.

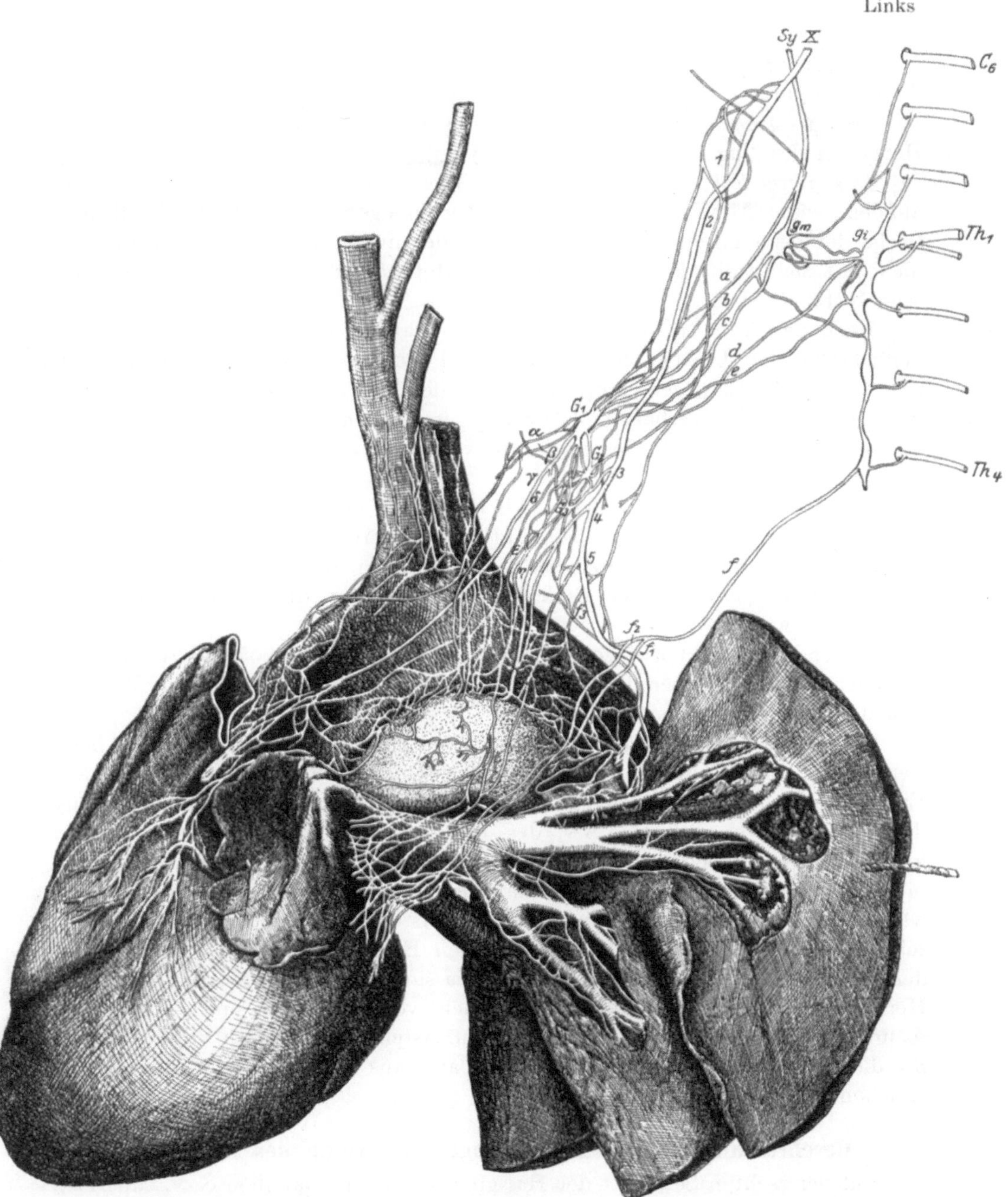

Abb. G₂. Pavian 2. Lunge nach links, Herz nach rechts abgezogen. Thymus feiner punktiert. *gm* = Ganglion cervicale med.; *gi* = Ganglion cervicale inf.: *a* = N. cardiacus sup.; *b* und *c* = N. cardiacus med.; *d* und *e* = N. cardiacus inf.; *f* = N. cardiacus imus; *1—5* = Vagusäste; *G*₁₋₃ = Herzganglien; α—η = daraus entspringende Äste.

Dieser entspringt weiter unterhalb des Ganglion. Es gibt der Recurrens je einen Ast nach medial abwärts, die sich zu einem N. cardiacus vereinigen.

Der Brustgrenzstrang gibt beiderseits je einen N. card. aus dem Ganglion Th 4 ab (*c* und *f*), der rechte hat eine Anastomose mit dem Vagusstamm.

Der Brustvagus. Im Brustteil treten beiderseits eine größere Anzahl von Herzästen des Vagus ab (Rr. card. inff. vagi).

Das Herzgeflecht. Im voraus sei hingewiesen auf das drüsige Organ, welches auf den (beiden Abbildungen) hinter dem Aortenbogen dargestellt und der Hinterfläche der beiden Lungenhilus namentlich des linken aufsitzt, das histologisch nicht mit Sicherheit als Thymusdrüse gedeutet werden konnte, da das Präparat schon sehr alt war.

Nach den Abb. G_1 und G_2 möchte man glauben, die Herznerven der linken Seite bilden den Plexus card. superfic. und die der rechten den Plexus card. profundus, dies ist in der Hauptsache auch der Fall. Jedoch existieren mehrere Anastomosen auch oberhalb des Aortenbogens zwischen beiden Geflechten. Die Hauptmasse der Äste beider Geflechte verbindet sich unterhalb des Aortenbogens.

Der Plexus card. prof. (siehe Abb. G_1) bildet ein reichliches Geflecht von Ästen des Vagus und Sympathicus, enthält mehrere kleine Ganglien und liegt der Hauptsache nach auf dem beschriebenen Organ, in dessen Kapsel reichlich Ästchen eindringen. An seinem Geflecht nimmt auch der linke N. recurrens *(R. s.)* mit einigen Ästchen teil.

Dieser Plexus gibt Zweige zur Aorta, zum rechten Vorhof und zur V. cava sup., ferner zu dem über dem Ram. dext. der A. pulmonalis und den Vv. pulmonales dextrae gelegenen Geflecht.

Das oberflächliche Herzgeflecht wird hauptsächlich durch eine reichliche Verbindung der beschriebenen Herzäste des Vagus und Sympathicus gebildet. Es enthält ein größeres und zwei kleinere Ganglien G_1, G_2 und G_3 (Abb. G_2). Aus dem größeren G_1 tritt ein Ast, der bis zur Aortenwurzel verfolgt werden konnte (δ), von anscheinend isoliertem Verlauf. Der *N. recurrens* entspringt mit zwei Wurzeln aus dem Vagus, nimmt ein Ästchen aus dem untersten der erwähnten drei Ganglien G_3 auf und gibt einige Ästchen zum Plexus an der Vorderseite des Aortenbogens ab. Aus dem tiefen Herzgeflecht tritt ein Ast unter dem Aortenbogen hindurch zur A. coronaria sinistra. Aus dem oberflächlichen Herzgeflecht treten mehrere Ästchen nach ventralabwärts und bilden über A. und V. pulmonalis ein Geflecht, von dem Ästchen zum linken Vorhof ziehen. Zu diesem Geflecht zieht auch der N. card. aus dem vierten linken Brustganglion.

Beschreibung des Halsgrenzstranges und Vagus des Macacus.

Auf der rechten Seite hat der Halsgrenzstrang ein Ganglion cerv. superius, ein Ggl. cerv. medium und ein Ggl. stellatum.

Das obere Halsganglion hat eine Anastomose mit dem Ganglion nodosum. Es erhält Rami communicantes aus C_1, C_2 und C_3; es gibt nach abwärts ein Gefäßästchen an die Vorderseite der A. carotis communis, nach medialwärts einen starken Zweig, der sich mit einem aus dem Ganglion nodosum zum N. laryngeus sup. verbindet. An seinem unteren Pol treten 2 Anastomosen aus dem N. vagus ein.

Etwa in Höhe von C_4 tritt ein Ram. communicans zum Grenzstrang aus einem Ganglion, das einen Ast aus C_2 und C_3 aufnimmt und aus dem ein Ästchen zur A. carotis austritt. In Höhe von C_5 und C_7 hat der rechte Grenzstrang Anastomosen mit den N. vagus.

Das rechte mittlere Halsganglion

hat eine Verbindung mit dem Vagus. Er erhält einen Ram. communicans, der aus einem Ästchen von dem erwähnten kleinen Ganglion, ferner aus je einem Ast von C_3 und von der oberen Phrenicuswurzel gebildet wird (C_4) und noch einen zweiten gemeinsamen aus C_5 und C_6. Das Ganglion gibt einen stärkeren N. card. medius ab, der sich mit Vagusästen derselben Seite verbindet, ferner einen zweiten, feineren, der 2 Anastomosen zur anderen Seite schickt.

Das mittlere Halsganglion ist mit dem unteren durch die beiden Schenkel der Ansa Vieussenii verbunden.

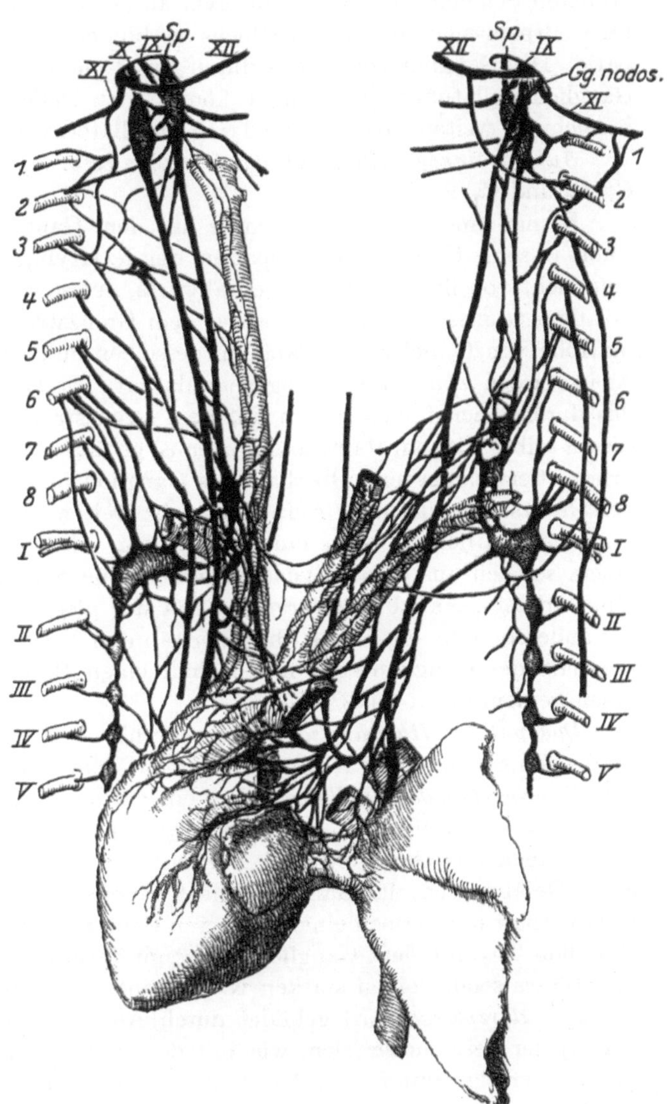

Abb. H. **Herzinnervation vom Macacus rhesus.** Aus Aorta und Pulmonalis Stücke entfernt.

Das rechte Ganglion stellatum erhält 3 Rami communicantes aus C_6 und 2 aus C_7, die zum größten Teil gemeinsam ins Ganglion eintreten, ferner je einen aus C_1 und Th_1. Ein vierter Ramus communicans aus C_6 tritt unterhalb des letzterwähnten ins Ganglion.

Auch an diesem Präparat war die Schlingenbildung zwischen den zu den

Intercostalgefäßen abgehenden Nerven zu beobachten. Sie beginnt auf beiden Seiten am Ganglion stellatum.

Auf der rechten Seite imponiert dabei der von dem kleinen Ganglion am vorderen Schenkel der Ansa subclavia ausgehende Ast, der die oberen segmentalen Brustzweige des Sympathicus verbindet, als Truncus collateralis sympatic. Das Ganglion selbst, das durch Anastomosen mit dem N. vagus und dem Ganglion stellatum verbunden ist, könnte man vielleicht als Ganglion supremum bezeichnen, weitere Ganglien im Truncus collater. wurden jedoch nicht gefunden.

Auf der linken Seite erhält das Ganglion cerv. sup. Rami communicantes aus C_1, C_2 und C_3.

Es hat eine starke Anastomose mit dem Ganglion nodosum, aus welcher, sofort in seine beiden Rami gespalten, der N. laryngeus sup. hervortritt. Außerdem zieht von ihm ein Nerv nach abwärts, der sowohl mit dem Vagus als auch mit dem Grenzstrang anastomosiert, dem Grenzstrang entlang, und tritt in ein in Höhe von C_7 gelegenes Ganglion desselben ein, nachdem er vorher mehrere Anastomosen zum Grenzstrang gesandt hat. Er enthält ein kleines Ganglion, das durch einen feinen Faden mit dem Grenzstrang in Verbindung steht. An diesen selbst tritt ein Ram. communicans, gebildet aus Ästchen vom zweiten und dritten Cervicalnerven. Oberhalb des Ganglion in Höhe von C_7 verläßt ein Ast den Grenzstrang, der nach Aufnahme einer breiten Anastomose aus dem Ganglion cerv. med. in den N. vagus einmündet. Von ihm tritt ein Ästchen ab, das mit einem solchen aus dem Vagus zusammen eine Schlinge bildet, von der einige Nn. cardiaci nach abwärts treten. Von der gleichen Schlinge ziehen 2 Fäden zur anderen Seite, um in den oberen erwähnten Nerven einzutreten. Der Knoten oberhalb des Ganglion cerv. med. erhält einen Ram. communicans aus C_3 und einen gemeinsamen aus C_4 und C_5.

Das mittlere Halsganglion dagegen erhält nur einen aus C_3. Es ist durch die beiden Schenkel der Ansa subclavia mit dem Ganglion stellatum verbunden.

Das linke Ganglion stellatum erhält einen gemeinsamen Ram. communicans aus C_6 und C_7, und drei aus C_8, die alle vier an der gleichen Stelle ins Ganglion treten, ferner einen aus Ganglion Th_1. Der mittlere Ram. communicans aus C_8 gibt einen Gefäßnerven, das Ganglion selbst deren mehrere zur A. subclavia. Dieses Gefäß erhält ferner noch einen stärkeren Gefäßnerven aus einer Schlinge, die das Ganglion Th_2 mit dem Ganglion stellatum verbindet.

Dieses sendet einen starken N. card. inf. nach abwärts.

Der Herzplexus wird gebildet durch Anastomosierung der Herznerven sowohl jeder Seite unter sich, wie mit denen der anderen Seite. Letztere Verbindung erfolgt unter dem Aortenbogen. Von dieser Stelle zweigen die unter sich durch Anastomosen verbundenen Äste zu den beiden Coronargefäßen zu den Ventrikeln und zum linken Vorhof ab.

Allgemeiner Teil.

Wenn wir nun den Grenzstrang unseres Orang etwas eingehender betrachten, so fällt auf, daß er durchaus nicht in den Rahmen einer üblichen Beschreibung des Grenzstrangs (höherer Säugetiere) hinein paßt. Zwar ist bekannt, daß nicht immer ein isoliertes Ganglion cerv. med. vorhanden zu sein braucht, und daß dieses mit dem Ganglion cerv. inf. und dem Ganglion thorac. primum zusammen eine einheitliche Ganglienmasse bilden kann. *van den Broek* hat vom Menschen einen derartigen Halsgrenzstrang gezeigt —, aber er scheint keine deutlich segmentalen Ganglien zu besitzen, wofür auch das Verhalten der Rami communicantes spricht.

Man möchte nun geneigt sein, wenn man die beiden Seiten des Orang miteinander vergleicht und die Symmetrie wahrnimmt, die an anderen Präparaten zumeist fehlt, einen allgemeinen Bauplan für den Halsgrenzstrang aufzustellen, wie *van den Broek* dies tat und daran anschließend die Frage zu erörtern, auf welcher Entwicklungsstufe dieser doch auf den ersten Blick recht ursprünglich anmutende Grenzstrang meines Orang steht.

Der Bauplan, welchen *van den Broek* aufstellt, setzt als die wesentlichsten Punkte die Frage nach dem gegenseitigen Verhalten von Vagus und Sympathicus, also zweier Nervenstämme, ferner die Frage um das Wesen des N. vertebralis voraus. Es werden 2 Typen im Schema aus der großen Anzahl von Variationen herausgegriffen, welche vor allem die Beziehungen des Grenzstrangs zum Vagus beim Säugetier illustrieren sollen, einmal: Vagus und Sympathicus völlig getrennt verlaufend, anderseits Vago-sympathicus.

Diese Art der Darstellung ist unbrauchbar, da sie nur zwei Extreme einander gegenüberstellt, von denen eins wohl kaum existiert, nämlich das Fehlen aller Anastomosen zwischen Vagus und Sympathicus. Richtig erscheint mir jedoch die Bemerkung, daß aus der Vereinigung von Vagus und Sympathicus zu einem Vago-sympathicus nichts geschlossen werden kann und daß sie keine spezifische Eigentümlichkeit der Carnivoren darstellt.

Die Verbindungen zwischen Vagus und Sympathicusstamm sind sehr variabel. Ich habe sie im oberen Halsteil (zwischen Ganglion nodosum und Ganglion cerv. sup.) in der Halsmitte, namentlich in Höhe des mittleren Halsganglion und im oberen Thoraxteil beobachtet. Beim Vago-sympathicus am Hunde ist ferner durch histologische Untersuchung festgestellt worden, daß in dem Bereich, in welchem Vagus und Sympathicus zusammen verlaufen, beide miteinander Anastomosen haben. Auch habe ich diese selbst beim Hunde beobachten können.

Diese Anastomosen sind ferner in ihrer Lage und Ausdehnung individuell sehr verschieden, was allein schon aus den zahlreichen Befunden beim Menschen hervorgeht. Dabei ist die individuelle Verschiedenheit wahrscheinlich noch viel größer als die Artverschiedenheit, die noch sehr wenig feststeht, wie dies *v. Schumacher* in seiner Arbeit über die Herznerven hervorhob. So bin ich z. B. überzeugt, daß, wenn selbst *van den Broek* verschiedene Grenzstränge mit zugehörigem Vagus und Rami communicantes vorgelegt würden, er wohl nicht imstande wäre, die Tiere daraus zu bestimmen, denen sie angehören.

Als einzige konstante Tatsache geht hieraus lediglich hervor, daß Vagus und Sympathicus miteinander anastomosieren, wobei für die Örtlichkeit der Anastomosen ein breiter Spielraum gelassen ist.

Als zweiten wesentlichen Punkt enthält der Bauplan *van den Broeks* die Frage nach dem Aufbau des N. vertebralis. Er weist nachdrücklich auf eine Einschränkung im Gebiet des N. vertebralis bei den Primaten gegenüber niederen Tieren hin.

van den Broek faßt den N. vertebralis als Produkt der Rami communicantes von einer bestimmten Anzahl von Halsnerven auf, welche durch diesen Nerven mit dem Ganglion stellatum verbunden werden und hält es daneben für wahrscheinlich, daß aus dem N. vertebralis Fasern austreten können, die das Gefäß mit einem sympathischen Plexus umspinnen und begleiten.

Was hat sich nun von alledem bei unserem Orang gezeigt? Der N. vertebralis verläuft hier nicht auf der Vorderseite, wie *van den Broek* ihn abbildet, (wo er einen fand), sondern auf der Rückseite der A. vertebralis. *Er entspringt beiderseits aus den Rami communicantes von C_6, und zwar sind dies die ersten Rami communicantes, welche dorsal von der Arterie zum Grenzstrang ziehen.* In seinem Verlauf erhält er aus fast allen Halsnerven feine Ästchen bis hinauf zu C_1 und ist durch Anastomosen mit dem Plexus der A. vertebralis verbunden.

Wir stellen somit fest, daß unser N. vertebralis mit dem *van den Broeks* nicht identisch ist und ferner, daß auf der Vorderseite des Gefäßes sich ein Plexus findet, der in den der A. subclavia übergeht. Ebensowenig geht natürlich unser N. vertebralis von einem Ganglion stellatum aus, da keines vorhanden ist.

Es muß ferner konstatiert werden, daß der Begriff des N. vertebralis überhaupt noch keineswegs feststeht. *van den Broek* selbst weist auf eine Reihe von Autoren hin, die nur eines Plexus vertebralis Erwähnung tun, der das Gefäß umspinnt, mit ihm bis zur Schädelhöhle verläuft und unterwegs Anastomosen mit den Cervicalnerven besitzt.

Ferner verlaufen nach einer Reihe von Autoren wie bei unserm Orang und Pavian die Rami communicantes sämtlicher Halsnerven außerhalb des Canalis transversarius.

Es stehen sich im wesentlichen 2 Auffassungen des N. vertebralis gegenüber:

Nach der einen, mit der sich diejenige *van den Broeks* im wesentlichen deckt, stellt der N. vertebralis das Produkt von Rami communicantes einer bestimmten Anzahl von Halsnerven dar, nach einer zweiten einen, die A. vertebralis begleitenden Ast aus dem Ganglion stellatum, der als Anfang eines sympathischen Plexus dieser Arterie zu betrachten ist, also belegen beide Ansichten offenbar ganz grundverschiedene Gebilde mit dem Namen N. vertebralis.

Die letztere Auffassung deckt sich jedenfalls mehr mit unserer Beschreibung dieses Nerven, wenngleich, wie hier nochmals bemerkt sei, der Nerv nicht direkt aus einem Ganglion des Grenzstrangs, sondern aus einem Ramus communicans entspringt, was natürlich nicht ausschließt, daß er Fasern aus den Ganglien des unteren Halsgrenzstrangs bezieht.

Ich habe allerdings auch jenes andere Gebilde auf der Vorderseite der A. vertebralis beim Pavian beobachten können. Er begleitet die Arterie bis zum Eintritt in das fünfte Foramen transversarium und stellte wirklich nichts weiter dar, als die Vereinigung von Rami communicantes aus C_5 und C_6 zum Ganglien stellatum, die wie alle übrigen außerhalb des Canalis transversarius verlaufen. (Es war hier leider nicht möglich gewesen, die Hinterseite des Gefäßes zu präparieren, da das Skelett des Pavian erhalten bleiben sollte.)

Da der N. vertebralis beim Orang, also bis zu C_1 hinauf verfolgbar ist, und von allen Spinalnerven feine Ästchen erhält, so ist auch bei Primaten die Möglichkeit gegeben, daß er gefäßverengernde Fasern zum N. auricularis magnus und damit zum Ohr führt, und daß also das, was *Fletcher* durch Reizung des N. vertebralis beim Kaninchen festgestellt hat, auch für die Primaten speziell für den Orang Geltung haben könnte.

Wir sehen also, daß es vorderhand nicht möglich ist, einen Bauplan unter Zugrundelegung von makroskopischen Gebilden aufzustellen.

Beziehungen des Sympaticus zum Gefäßsystem.

Daß die Beziehungen des Sympathicus zu den Gefäßen eine sehr innige ist, geht aus den Abbildungen vom Orang deutlich hervor. Verlaufen doch nicht allein die feineren Nerven, die plexusartig die Gefäße umgeben, den Gefäßen entlang, sondern auch die größeren Stämme, z. B. die beiden großen Nn. cardiaci, die Ganglia cardd. supp. und die, von denselben ausgehenden Äste an den Gefäßen und beteiligen sich an der Bildung ihrer Geflechte nicht minder als an der Innervation des Herzmuskels, der ja auch nur einen Teil des Gefäßsystems darstellt.

van den Broek nimmt jedoch noch eine andere Beziehung des Sympathicus zu den Gefäßen an, und zwar erklärt er sich das Zustandekommen eines Ganglion cerv. med. und inf. dadurch, daß die Ganglienmassen bei ihrer Wanderung nach abwärts durch den Widerstand bestimmter Gefäße aufgehalten werden und sich zu einem Ganglion ansammeln.

Er sagt: der Halsteil des Grenzstrangs unterscheidet sich vom thorakalen Teile dieses Gebildes von Anfang an dadurch, daß er in seinem Verlaufe nicht durch metamer angeordnete Arterien gekreuzt wird, auch nicht durch die Anlage der Rippen, daß er vielmehr hier im Bindegewebe eingelagert ist.

Und weiter: dieser Umstand ist die Ursache dafür, daß den wandernden sympathischen Ganglienzellen nur an ganz bestimmten Stellen ein Widerstand in den Weg gelegt wird. Die Zellen können sich so im Grenzstrang unbehindert ihrem zweckmäßigen Lagerungsplatze zuwenden.

Weiterhin folgert er aus der allmählichen Durchwanderung der A. subclavia durch den Grenzstrang (von dorsal nach ventral), welche die Teilung desselben in die beiden Schenkel der Ansa subclavia zur Folge haben soll; daß dadurch auch notwendigerweise eine Trennung der ursprünglich einheitlichen Zellmasse eintrete, in eine untere Portion, die damit zum Ganglion stellatum, und eine obere, die zum Ganglion cerv. sup. wird.

Er erklärt nun den Grenzstrang vom Menschen, bei dem er eine einheitliche, schwachgegliederte, aber nicht (wie bei unserm Orang segmentierte) Ganglienzellmasse im unteren Halsteil vorfand damit, daß die A. subclavia den ganzen Grenzstrang durchsetzt habe, was zu einer nachträglichen Verschmelzung des Ganglion cerv. med. mit dem Ganglion stellatum führe, da die Zellwanderung wahrscheinlich noch nicht ganz aufgehört habe.

Wo er hingegen (wie bei Cuscus) kein mittleres Halsganglion vorfindet, nimmt *van den Broek* an, daß dasselbe völlig in die Masse des Ganglion stellatum aufgenommen worden sei. Für die Verschiedenheit in der Anordnung der Ganglien in diesen beiden Fällen macht *van den Broek* nun eine Differenz im Verlauf der A. vertebralis (bei dem Präparat vom Menschen) geltend, die, wie ich nur aus der Zeichnung entnehmen kann, da im Text nicht erwähnt, hier medial vom Grenzstrang aus der Subclavia entspringt, diesen überkreuzt, was bei Cuscus nicht der Fall ist.

Bei meinem Orang war dies nun in situ ebenfalls nicht der Fall. Da jedoch der Übersichtlichkeit der Darstellung halber in den Abbildungen der Grenzstrang lateralwärts disloziert wurde, so wird er in dieser Stellung von der A. vertebralis überkreuzt.

Es läßt sich also hier eine Anomalie im Ursprung der A. vertebralis nicht als Ursache des ausbleibenden Zusammenflusses der Ganglienzellmassen im unteren Halsgrenzstrang anführen, ebensowenig wie man hier von einer Verschmelzung eines Ganglion cerv. med. mit einem Ganglion stellatum reden kann.

Ebenso ist bei dem Macacus, den ich präpariert habe, sichtlich kein Gefäß die Ursache für den ausbleibenden Zusammenfluß der über dem mittleren Halsganglion gelegenen Ganglien.

Ich möchte meinen Standpunkt in dieser Frage kurz so präzisieren:

Ursprünglich sind auch die sympathischen Ganglien des Halses metamer angeordnet. Später finden wir eine Verschmelzung dieser einzelnen metameren Ganglien untereinander, wobei die Rami communicantes im oberen Abschnitt von C_3 ab nach unten zu immer kürzer werden.

Warum in unserem Falle die Konzentration ausgeblieben ist, entzieht sich unserer Kenntnis, und wenn wir diesen Zustand als eine Entwicklungshemmung auffassen, so ist damit für das Verständnis nicht viel gewonnen.

Offenbar ist diese Konzentrationserscheinung ein allgemeiner Vorgang höherer Entwicklung bei den Zentralorganen.

Wenden wir uns nun der Frage des Ganglion cerv. medium zu.

Bei unserem Orang ist beiderseits kein Halsganglion vorhanden, das man als Ganglion cerv. med. ansprechen könnte. Dafür sind nun beiderseits sehr große Ganglia cardiaca supp. vorhanden, welchen wahrscheinlich Fasern aus dem Ganglion cerv. sup. und den Ganglien des unteren Halsgrenzstranges vermittels der beiden großen Nn. cardiaci und aus den Ganglien 4 und 8 bzw. 6 und 7 kommenden Nerven zugeführt werden (auch 5?).

Nach *v. Schumacher* gehen an die Stelle des fehlenden Ganglion cerv. med. beim Menschen die entsprechenden Rami communicantes und an dieser Stelle entspringt auch der N. cardiacus medius.

Beim Pavian 1 ist beiderseits ein gut entwickeltes mittleres Halsganglion vorhanden, aus dem ein ansehnlicher N. cardiacus tritt, dafür fanden sich aber im Herzplexus keine weiteren Ganglien mehr.

Bei dem Pavian 2 fanden sich ebenfalls deutliche mittlere Halsganglien, und im Herzplexus waren ebenfalls Ganglien vorhanden.

Langley hat festgestellt, daß bei der Katze vom Ganglion cerv. med. hauptsächlich Fasern zum Herzen ausgehen.

Ich meine nun, daß man das Ganglion cerv. med. bzw. die funktionell zu ihm gehörigen Ganglienzellmassen nicht ohne weiteres im Grenzstrang zu suchen gezwungen ist, da sich ja bekanntlich der physiologische Aufbau des sympathischen Systems (prä- und postganglionäre Faser) mit dem makroskopisch anatomischen Substrat nicht deckt.

Es scheint somit nicht unberechtigt, in gewissen Fällen, in denen man kein mittleres Halsganglion im Grenzstrang auffinden kann, dieses nicht allein in einer Verschmelzung desselben mit anderen Ganglien des Halsgrenzstrangs, sondern wenigstens Teile desselben in den sog. prävertebralen Ganglien des Herzplexus zu suchen.

Nach diesen Gesichtspunkten nehme ich an, daß Teile, die sonst im Ganglion cerv. med. lagern, bei meinem Orang im Ganglion card. sup. liegen. So erscheint es auch verständlich, daß innerhalb dieses Grenzstrangs die ursprüngliche Segmentalität so klar hervortritt, die sonst durch die Einlagerung der Herzganglienzellen verdeckt wird. [1])

Als Ansa subclavia habe ich bei meinem Orang eine vom Grenzstrang ausgehende und in ihm wieder einmündende Schlinge beschrieben, die beiderseits Beziehung zum Plexus der A. subclavia hat. Es erhebt sich nun die Frage: Ist diese Ansa subclavia ein Teil des Grenzstrangs?

In einer großen Mehrzahl von Fällen der Literatur tritt der Grenzstrang in 2 Schenkel gespalten um die A. subclavia herum, wie wir dies auch beim Pavian 1 auf der rechten Seite, ferner beim Pavian 2 und beim Macacus sehen. Diese beiden Schenkel verbinden dabei meistens das mittlere Halsganglion mit dem Ganglion stellatum als typische Ansa subclavia. Dabei ist es ganz unwesentlich, daß sie eine *direkte* Verbindung *beider* Ganglien darstellt, denn das Ganglion cerv. med. kann auch im N. cardiacus med. liegen (Pavian I, Abb. C) und dann verläuft der hintere Schenkel der Ansa direkt vom Grenzstrang, ohne mit dem Ganglion cerv. med. in Berührung zu kommen.

Bei unserem Orang, wie auch bei dem Halsgrenzstrang vom Menschen *van den Broeks*, bei dem der untere Teil eine zusammenhängende Ganglienmasse bildet, geht der Grenzstrang in voller Mächtigkeit hinter dem Gefäß vorbei. Die Ansa subclavia ist hier nur eine feinere Schlinge, die vom Grenzstrang ausgeht und um das Gefäß herum wieder in ihm eintritt.

Bei unserem Orang erscheint sie, eingefügt in den Plexus subclavius, als relativ unwesentlicher Teil desselben, wenn sie auch auf der linken Seite einen Zweig aus dem Ram. communicans von C_8 bekommt und auf der rechten ein kleines Ganglion enthält.

Ferner berichtet *van den Broek* sowohl von Anthropoiden wie vom Menschen über eine Auflösung des sympathischen Nervenstranges in mehrere geordnete Nervenbahnen, die eine ziemlich verwickelte Plexusbildung in der Umgebung der A. subclavia und ihrer Äste zusammensetzten.

Wenn wir diese extremen Fälle miteinander vergleichen, was lassen sich daraus für Schlüsse ziehen? In einem Fall präsentiert sich die Ansa subclavia makroskopisch als ein gespaltener Grenzstrang[2]), im anderen Fall als ein Teil des Gefäßplexus.

Folglich wäre entweder Gefäßplexus gleich dem Grenzstrang zu setzen, oder aber wir müßten den Grenzstrang als homologen Begriff aufgeben. D. h. der Grenzstrang stellt ein sehr variabel gebautes Produkt dar, das trotz äußerer Ähnlichkeit bei 2 verschiedenen Individuen in den grob anatomischen Einheiten nicht verglichen werden kann.

---

[1]) *Anmerkung bei der Korrektur.* In einem Vortrag in der Gesellschaft für Morphologie und Physiologie habe ich dies an Schematas erläutert, die in den Sitzungsberichten veröffentlicht werden.

[2]) Wie beim Pavian 1 auf der linken Seite.

Nicht die Nerven, zu denen auch die Längsanastomosen des Grenzstrangs zu rechnen sind, sondern die einzelnen Ganglien und die Plexus sind homologisierbar: also die Verbindung vom Kern des Zentralorgans über die Ganglien als Zwischenstation zur Endigung am Erfolgsorgan.

Diese Einheiten werden ohne weiteres vergleichbar sein. Aber die Wege, auf denen diese vergleichbaren Gebilde verlaufen, sind so variabel, daß die einzelnen Wegstrecken nicht vergleichbar sind. Dies kommt in der Geflechtsbildung zum Ausdruck, deren Analyse sich der rein anatomischen Forschung entzieht.

Die A. subclavia ist das Gefäß der oberen Extremität. Diese wird von den Spinalnerven von C_5 bis Th_2 innerviert. Auf Abb. 4 sehen wir wie an den Plexus subclavius Ästchen aus 7 Abschnitten des Grenzstrangs treten: Aus dem Ram. communicans von C_5 treten 2 Ästchen entlang der A. vertebralis, die Zweiglein aus dem Ganglion in den Ram. communicans von C_6 und C_7, ferner 3 Zweiglein aus dem Ganglion, das mit dem Ganglion 8 in Verbindung steht, aufnehmen und zum Plexus subclavius ziehen. Aus diesem treten ferner noch Ästchen aus der Ansa subclavia heran (oberes bis unteres Ende von Ganglion 8 mit Verbindung mit Ram. communicans aus C_5 (weiter nach abwärts ein Ästchen aus dem unteren Ende vom Ganglion 8 eines aus dem oberen Ende vom Ganglion Th_1 und ein drittes aus Ganglion aus Th_2.

Aorta und A. vertebralis sind Längsanastomosen von Quergefäßen. Mit letzteren ziehen sympathische Nerven bzw. Geflechte, welche sich auf der Aorta zu einem Plexus vereinigen.

Longitudinal verlaufende Nerven sind also ebenso sekundäre Bildungen wie die Längsgefäße.

Bei der A. carotis communis ist eine segmentale Innervation nicht nachzuweisen, dagegen treten Nerven von Vagus, Sympathicus und Glossopharyngeus an das Gefäß heran; also auch hier eine Übereinstimmung mit den entwicklungsgeschichtlichen Verhältnissen des Gefäßes.

Das Glomus caroticum.

Die Auffassung, daß das Glomus caroticum ein Organ darstellt, das für den Tonus der Kopfgefäße in erster Linie große Bedeutung besitzt, wird auch durch die Befunde beim Orang und Pavian nahegelegt. Besonders bemerkenswert sind die Beziehungen, die das Glomus auch zum Plexus caroticus communis und zum Ganglion aorticum sup. aufweist. Diese reichen also wahrscheinlich bis zum Aorten- bzw. zum Herzplexus herab.

Der *Hering*sche Sinusreflex (Druck auf den Sinus caroticus, Carotisteilung löst neben gefäßerweiternder Wirkung auch eine herzhemmende Wirkung aus) bzw. die herzhemmende Wirkung spricht für diese Funktion.

Herzinnervation.

Legt man sich nun die Frage vor: Wie kommt man zur besten Einsicht über den weiteren Verlauf der vom Grenzstrang und vom Vagus gegen das Herz zu verlaufenden Nerven, so kann die Antwort nur die sein: durch eine möglichst eingehende Präparation aller Nervenäste und Zweige dieses Gebietes bis zum Herzen.

Die älteren Anatomen berichten vom Menschen von einem ventral des Aortenbogens und des Ram. sin. der A. pulmonalis gelegenen oberflächlichen und einem dorsal von diesen Gefäßen liegenden tiefen Herzgeflecht. Nach der Mehrzahl der Autoren sind oberflächlicher und tiefer dieser Herzplexus durch zahlreiche Anastomosen untereinander verbunden.

Die einzelnen Befunde der Autoren zeigen eine außerordentliche *Verschiedenheit, sowohl* was die Ausdehnung des Herzgeflechts, den Abgang der die Coronararterien begleitenden Äste, die Beteiligung der Herznerven beider Seiten am oberflächlichen und tiefen Herzgeflecht und das Vorkommen von Ganglien in diesen, speziell des Ganglion *Wrisbergi* betrifft.

Da man ferner aus den Abbildungen und Beschreibungen besonders der älteren Anatomen ersehen kann, mit welcher Sorgfalt und Unvoreingenommenheit diese bis auf das kleinste faßbare Detail eingingen, so kann man annehmen, daß diese starken Abweichungen nicht in falschen Auffassungen, sondern in einer Variabilität der äußeren Form zu suchen seien, die ja in allen Teilen des visceralen Nervensystems reichlich vorhanden ist.

Es erhebt sich die Frage, was bei all diesen Variationen konstant ist? Konstant scheint der Herzplexus und die Endigungen der Herznerven zu sein, dagegen ist der Abgang der Herznerven, vom Vagus und Sympathicus, ebenso wie ihre Verbindungen höchst variabel. Für den physiologischen Aufbau des Systems stellt sicher der ganze Verlauf einer Nervenbahn vom Zentrum bis zur Endigung am Erfolgsorgan im allgemeinen und speziell auch im sympathischen Nervensysetm eine einigermaßen konstante Größe dar, von dem sich, wenn er einmal vollständig klargelegt ist, wohl für alle Individuen einer Gattung eine bis ins Detail zutreffende Beschreibung entwerfen lassen wird.

Aber das grob anatomische Substrat, oder die Wege, in denen diese Bahnen verlaufen, sind alles Geflechte, wenn sie auch als Nervenstämme imponieren und erfahrungsgemäß weitgehender Variabilität unterworfen sind, von der die Herznerven und das Herzgeflecht keine Ausnahme machen.

Eine anatomische Beschreibung der Herzinnervation wird also nur dann brauchbar sein, wenn bei dem bearbeiteten Objekt die Verhältnisse möglichst in dem Umfange erfaßt werden, in dem sie wirklich vorhanden sind, also mit allen Ästen und Ästchen.

So glaube ich denn auf Grund meiner Befunde zunächst feststellen zu können, daß auch in bezug auf den Herzplexus bei verschiedenen Individuen extreme Fälle zur Beobachtung kommen können: solche mit sehr reichlicher Anastomosenbildung der Herzäste und solche Fälle, in denen die Anastomosenbildung nur gering ist. Letztere Fälle sind es offenbar, die in der Literatur zu der Äußerung Anlaß gaben, man könne die einzelnen Herznerven durch den Herzplexus hindurch verfolgen, dies kann man in der Tat, wenn man sämtliche Anastomosen vernachlässigt. Vergleiche anzustellen oder eine Folgerung daraus zu ziehen, ist nicht möglich, z. B. auszusagen, beide Nn. card. supp. geben Äste an diese oder jene bestimmte Stelle des Herzens ab, wäre ohne eingehende Beschreibung der Anastomosen geradezu falsch. Um ersteres festzustellen, wäre eine eingehende physiologische Kontrolle unerläßlich.

Wenn wir uns nun zunächst den vom Grenzstrang abgehenden Herznerven zuwenden, so sehen wir bei verschiedenen Individuen eine große Verschiedenheit an Zahl, Stärke und der Art ihres Austritts aus dem Grenzstrang.

Es könnte auch hier wiederum versucht werden, dem Austritt der Herznerven ein Schema zu unterlegen: z. B. einen Fall in dem im wesentlichen ein starker N. cardiacus medius aus dem Grenzstrang tritt, wie z. B. beim Pavian, und andererseits einen Fall in dem ein N. card. sup., medius und inferior, und vom oberen Brustgrenzstrang bis etwa zum Ganglion Th_4 Äste aus dem Grenzstrang zum Herzen ziehen, so daß also in dem einen Fall die aus den Rami communicantes kommenden Fasern alle etwa in der Mitte des Grenzstrangs austreten oder in dem andern einzeln in Höhe des gleichen Segments den Grenzstrang verlassen. Es wären damit aber auch nur 2 Extreme aus einer großen Anzahl von Variationen herausgegriffen, die alle wohl von gleicher Wichtigkeit sind. Im allgemeinen möchte ich zuerst dem üblichen Schema der Beschreibung der Herznerven folgen, obgleich ich bemerke, daß ich diese Beschreibungsart nicht für anwendbar halte.

Der N. card. sup. ist bei unserm Orang nicht mit völliger Sicherheit zu homologisieren. Er tritt am unteren Pol aus dem rechten Ganglion cerv. sup., hat eine Anastomose mit dem Grenzstrang und mündet in die Wurzel des N. card. med., nachdem er noch weitere zahlreiche Anastomosen mit dem Grenzstrang gebildet hat. Zu ihm gehört wahrscheinlich ein feinerer Ast, der gleichfalls am unteren Pol aus dem oberen Halsganglion tritt, in der Mitte ein kleines Ganglion (Gangl. card. sup.?) besitzt und an der gleichen Stelle, wie der eben beschriebene Ast einmündet. Auch *v. Schumacher* fand einen N. card. sup. beim Affen keineswegs konstant. Er vermutet, daß das selbständige Vorkommen eines N. card. sup. mit dem Umstand zusammenhänge, daß das Ganglion cerv. sup. bei den höheren Säugetieren, speziell bei den Anthropoiden aus den 3 obersten Halsnerven Rami communicantes erhält. Dem kann ich nicht beipflichten, denn:

Beim Pavian habe ich wohl Rami communicantes aus den 3 oberen Halsnerven zum Ganglion cerv. sup. gefunden, dagegen keinen N. cardiacus sup. Beim Orang gingen Rami communicantes von C_1 und C_2 zum rechten Ganglion cerv. sup. Zum linken konnte ich nur mehrere von C_2 dagegen keinen direkt von C_1 kommenden beobachten.

Beim Macacus erhielt das rechte Ganglion cerv. sup. Rami communicantes von C_1 und C_2, das linke von C_1, C_2 und C_3. Diese große Variabilität spricht für sich.

Der N. cardiacus medius entspringt beim Orang beiderseits aus dem Grenzstrang und nicht aus einem mittleren Halsganglion. Nach *v. Schumacher* ist beim Menschen die Stelle des fehlenden Ganglion cerv. med. gekennzeichnet, durch die Einmündung der Rami communicantes, die gewöhnlich zum mittleren Halsganglion ziehen.

Bei meinem Orang liegt nun dem Ursprung der Wurzeln des N. card. med. die Einmündung von Rami communicantes aus C_3 und C_4 gegenüber, also müßte man das Ganglion 3 und 4 rechts und das Ganglion 4 links, *zum Teil wenigstens* als Ganglion cerv. med. ansprechen, wobei es nicht unwahrscheinlich erscheint, daß Teile desselben im Ganglion card. sup. enthalten sind.

Dieses erhält außer dem N. card. sup. und med. einen N. card. aus Ganglion 5 auf der rechten Seite und einen gemeinsamen N. card. aus Ganglion 6 und 7 auf der linken Seite, die man als N. card. inff. bezeichnen könnte. Die weiteren, vom unteren Halsgrenzstrang zu den großen Gefäßen tretenden Zweige haben wahrscheinlich auch eine Verbindung mit dem Herzplexus z. B. durch den *Plexus aorticus.*

Es hat den Anschein, als bekäme der N. card. med. durch seine Wurzeln Fasern von oben und von unten, jedoch läßt sich dies nicht mit Sicherheit behaupten. Von den Brustganglien habe ich beim Orang keine direkt zum Herzen ziehenden Nerven beobachtet.

Beim Pavian 1 findet sich auf beiden Seiten ein deutliches mittleres Halsganglion.

Auf der rechten Seite läßt es in typischer Weise die beiden Schenkel der Ansa Vieussenii austreten, auf der linken Seite erscheint es in einen Schenkel derselben vorgeschoben.

Aus beiden Ganglia cerv. med. tritt ein mächtiger N. card. medius, von denen der linke nach kurzem Verlauf in den Vagus eintritt und nicht weiter verfolgbar ist, ein Verhalten, wie es auch *v. Schumacher* einmal beschrieben hat. Eine Verbindung mit dem Vagusstamm hat auch das rechte Ganglion cerv. med. durch 2 kurze Anastomosen.

Auf der linken Seite tritt aus dem Plexus suprapleuralis ein Ästchen zum Recurrens, das man evtl. als N. card. inf. ansprechen könnte. An dieser Stelle verbinden sich Ästchen aus dem Ganglion stellatum, Rami communicantes und den Schenkeln der Ansa Vieussenii mit dem N. card. hypoglossi. Auf der rechten Seite fand sich je ein Ästchen aus dem Ganglion stellatum und dem Ganglion Th_4, die zum Herzen ziehen.

Beim Pavian 2 fand sich ebenfalls kein N. card. sup. Das Ganglion cerv. sup. erhielt beiderseits Rami communicantes von C_1 und C_2, das Ganglion cervicale med. beiderseits die typischen Verbindungen mit dem unteren Halsganglion und gibt rechts einen, links mehrere Nn. card. medii ab. Auf der linken Seite tritt oberhalb des mittleren Halsganglion ein Nerv aus dem Grenzstrang zum Herzplexus, den man evtl. als N. card. sup. ansprechen könnte.

Das rechte Ganglion cerv. med. liegt an der Stelle, an der Vagus und Sympathicus zusammentreten und ist vom Vagusstamme nicht zu trennen.

Beim Pavian 1 gelangen zu keinem der beiden mittleren Halsganglien Rami communicantes direkt, sondern beim rechten münden sie anscheinend oberhalb des Ganglion in den Grenzstrang ein, beim linken gelangen sie wahrscheinlich vermittels der Ansa subclavia zum Ganglion.

Ein gleiches Verhalten zeigt sich auf der rechten Seite bei Pavian 2, wo R. communicans aus C_5 oberhalb des Ganglion und R. communicans aus C_6 und C_7 in den mittleren Schenkel der Ansa subclavia eintreten.

Ein eigentliches *Ganglion cerv. inf.* findet sich bei meinem Orang nicht.

Bei beiden Pavianen findet sich ein Ganglion stellatum, das auf der linken Seite bei Pavian 1 von C_5 bis Th_1 auf der rechten Seite von C_6 (C_5 ?) bis Th_1 Rami communicantes erhält. Beim Pavian 2 erhielten beide Ganglia stellata Rami communicantes von C_7 bis Th_1. Die Nn. cardiaci inff. gingen zum Teil vom Ganglion stellatum und von Schlingen ab, die dieses mit dem ersten Brustganglien verbinden.

Die Ansa Vieussenii ist bei Pavian 2 auf der rechten Seite dadurch besonders bemerkenswert, daß der hintere Schenkel zum Ganglion stellatum, der vordere zum Ganglion Thor. 2 zieht. Auf der linken Seite fassen die beiden vom Ganglion cerv. med. zum Ganglion stellatum ziehenden Schenkel die A. subclavia zwischen sich, es tritt aber außerdem vom Ram. intergangl. Th_2 bis Th_3 ein Ast um den vorderen Umfang des Gefäßes und vereinigt sich mit einem der Nn. cardd. medii.

Man ersieht auch hieraus wieder, welch variables Gebilde die Ansa Vieussenii ist.

Beim Pavian 2 wurden beiderseits aus den Ganglien Th_4 zum Herzen ziehende Äste beobachtet.

Bei unserem Macacus fand sich auf der linken Seite ein Nerv, der aus dem N. card. sup. entspringt, dem Grenzstrang entlang nach abwärts verläuft und mit diesem anastomosiert, er enthält ein kleines Ganglion, das durch einen feinen Faden mit dem Grenzstrang verbunden ist und mündet in ein Ganglion am mittleren Halsganglion ein. Dieses erhält Rami communicantes aus C_3, C_4 und C_2.

Ob dieser Nerv dem N. card. sup. homolog anzusprechen ist, möchte ich nicht entscheiden.

Oberhalb des mittleren Halsganglion tritt ein Ast aus dem Grenzstrang, der nach Aufnahme einer kurzen breiten Anastomose aus dem mittleren Halsganglion in den Vagusstamm einmündet. Man könnte ihn ebenfalls für einen N. card. sup. halten, dem sich ein N. card. medius zugesellt.

Das Ganglion cerv. med. erhält rechts Rami communicantes aus C_5 und C_6, links aus C_5. Rechts ist er durch 3 Anastomosen mit dem Vagus verbunden, links treten sowohl von ihm wie dem oberhalb gelegenen Ganglion Äste zum N. vagus. Das rechte gibt einen starken N. card. med. ab, der einen Ast aus dem Vagusstamm erhält.

Das Ganglion stellatum erhält beiderseits Rami communicantes von C_3 bis Th_1 und ist mit dem mittleren Halsganglion durch eine Ansa subclavia verbunden.

Das Ganglion stellatum gibt auf der linken Seite einen starken N. card. inf. ab.

Auf der rechten Seite geht von dem Ganglion stellatum ein starker Ast zu einem kleinen Ganglion, das mit dem Vagusstamm durch mehrere Anastomosen verbunden ist und einige Gefäßnerven zur A. anonyma abgibt, die zum Plexus aorticus gelangen.

Wir sehen also hieraus eine große Verschiedenheit im Abgang der sympathischen Nervi cardiaci bei den einzelnen Tieren.

Wenn wir nun früher die Plexus als konstant vorkommend und homologisierbar bezeichnet haben, so stehen wir damit bezüglich des Herzgeflechts im Gegensatz zu einem Teil der Autoren.

Nach *v. Schumacher* treffen wir einen wohl ausgebildeten Plexus aorticus, sowie einen Herzplexus erst beim Orang, während er bei den niederen Affen fehlen soll.

Einar Perman leugnet die Existenz eines Herzplexus bei den von ihm untersuchten Präparaten und auch beim Menschen. Er sagt: ,,Die Nerven, die zentral vom Aortenbogen verlaufen und nach der Literatur den Plexus cardiacus superficialis bilden, kann man ohne Schwierigkeiten als selbständige Nervenstämme bis auf das Herz hinab verfolgen. Dasselbe gilt von den dorsal von der Aorta verlaufenden Nerven, welche nach der Literatur den Plexus cardiacus profundus bilden."

Und weiter: „Zwischen den dorsal von der Aorta verlaufenden Herznerven findet man in der Regel Verbindungen, sowohl zwischen Nerven von derselben Seite, wie zwischen solchen von verschiedenen Seiten."

„Man kann jedoch in der Regel die von jeder Seite kommenden Nerven einzeln für sich zum Herzen verfolgen." (In diesen Sätzen liegt schon ein Widerspruch.)

Dies von *Perman* behauptete Verhalten trifft für sämtliche von mir untersuchten Tiere nicht zu. Bei ihnen handelt es sich um mehr oder minder ausgesprochene Plexusbildung zwischen ventralen und dorsalen, linken und rechten Herzästen, deren Verbindungen man künstlich durchtrennen müßte, wollte man jeden einzeln für sich zum Herzen verfolgen.

Ferner fand sich nicht nur beim Orang-Utan ein wohl ausgebildetes Herzgeflecht, sondern auch beim Pavian. Freilich sehen wir, besonders wenn wir die Herzgeflechte beider Paviane vergleichen, daß es sich beim Pavian 1 offenbar um einen stärkeren Zusammenschluß in einzelne größere Stämme, beim Pavian 2 um eine ausgiebigere Aufteilung der Äste und stärkere Geflechtsbildung handelt.

Beim Macacus ist das ersterwähnte der Fall. Von niederen Säugetieren haben *Lim Boon Keng* beim Hunde und *Kazem-Beck* bei Kaninchen, Hund und Katze einen Herzplexus beschrieben. Ich möchte daher glauben, man sollte diese positiven Befunde nicht schlechtweg ablehnen, sondern sie einer intensiven Nachprüfung unterziehen, denn positive Befunde sind im allgemeinen viel schwerer zu widerlegen als negative.

Nach *v. Schumacher* fand sich beim Orang ein wohl ausgebildeter Plexus an der Vorderseite der Aorta ascendens und des Aortenbogens, so wie wir ihn beim Menschen zu sehen gewöhnt sind und es kommt an der Konkavität des Aortenbogens zur Verbindung der rechtsseitigen Herznerven mit den linksseitigen.

Dasselbe fand sich bei meinem Orang, nur wäre hier zu ergänzen, was in der Abb. 5 nicht dargestellt ist, daß sowohl von den ventral, wie von den dorsal vom Aortenbogen liegenden Geflecht feine Ästchen zum Aortenbogen treten (wie man es aus Abb. 4 zum Teil ersehen kann), die an dem Geflecht des Aortenbogens und der A. subclavia sin. Anteil haben. Es hat somit der oberflächliche und der tiefe Herzplexus auch *oberhalb* des Aortenbogens eine Verbindung. Ebenso habe ich eine Vereinigung von Herznerven der linken und rechten Seite bei den beiden Pavians und dem Macacus gefunden.

Jedoch muß konstatiert werden, daß die Unterscheidung in ein oberflächliches und tiefes Herzgeflecht nur topographische Bedeutung hat, und daß ferner weder beim Orang noch beim Pavian oder Macacus eine Unterscheidung in ein linkes und rechtes Herzgeflecht möglich ist.

Das steht im Widerspruche mit den Angaben von *Starkov*, der im wesentlichen getrennte Äste zum Herzen beschreibt, und zwar so, daß zu jedem Herzteil isolierbare Fasern von rechts und links kommen. Er spricht von einer gekreuzten Innervation und vergleicht sie mit der Pyramidenkreuzung. Diese Annahme ist rein hypothetisch.

Die Angaben von *Starkov* erscheinen mir durchaus nicht beweiskräftig, wegen der angewandten Technik, die, wie ich aus eigener Erfahrung weiß, eine Zerstörung der feineren Äste bedingt.

Ebenso halte ich für berechtigt, die Bezeichnung des *Ganglion Wisbergi* solange als rein topographische anzusehen, solange nicht physiologische Unterschiede von den übrigen Ganglien, die im Herzplexus liegen, festgestellt worden sind.

Bei meinem Orang fand sich auf beiden Seiten ein großes und rechts daneben noch ein kleines Ganglion cardiacum med., von denen die hauptsächlichsten Äste zum Herzplexus abgingen. Weiter fand sich im Herzplexus und am Herzen kein makroskopisches Ganglion mehr.

Beim Pavian 2 liegen oberhalb des Herzgeflechts auf der linken Seite an der Stelle des Zusammentritts der vom Vagus und Sympathicus kommenden Herznerven ein größeres Ganglion von derselben Lage zur Carotis wie das linke des Orang, ferner 2 kleinere. Ebenso sind im Herzplexus hinter der Aorta 3 kleinere Ganglien zu sehen.

Diese Ganglien haben mit dem Ganglion Wrisbergi jenes gemein, daß sie im Verlauf der Herznerven liegen und unterscheiden sich von ihm durch die Mehrzahl und dadurch, daß sie eine andere Lage haben als dieses.

Die Angaben über die Lage des Ganglion sind aber beim Menschen abweichend. Nach *Wrisberg* liegt es dorsal vom Aortenbogen.

v. Schumacher präzisiert seine Lage zu den von beiden Seiten kommenden Herznerven genauer: (diese Verbindung der rechtsseitigen Herznerven mit den linksseitigen) „finden wir stets beim Menschen an derselben Stelle, wie beim Orang-Utan, und zwar gewöhnlich *unter Vermittlung des Ganglion cardiacum*[1]“.

Ich halte daher den Schluß für berechtigt, daß die Ganglien beider Seiten wenigstens zum Teil linke bzw. rechte Anteile des Ganglion *Wrisbergi* darstellen, zu deren Vereinigung zu einem gemeinsamen Ganglion es aus unbekannter Ursache nicht gekommen ist. Dabei befinden wir uns wieder im Gegensatz zu *Starkov*, der ohne zwingenden Grund das Wrisbergsche Ganglion als nur der linken Seite zugehörig annimmt.

Die die beiden *Coronararterien* begleitenden Nerven stammen beim Menschen nach den meisten Autoren aus Zweigen des oberflächlichen und tiefen Herzgeflechts.

Eine Ausnahme machen nur *Ellis* und *E. Perman*. Sie konnten die von jeder Seite kommenden Herznerven einzeln für sich zum Herzen verfolgen, so daß letzterer sogar den Schluß daraus zieht, die Darstellungen, welche die übrigen Forscher von dem Plexus cardiacus geben, stimme nicht mit den wirklichen Verhältnissen überein. Dies bleibe dahingestellt.

Bei meinem Orang und beim Pavian 1 entstammen die Nerven, welche die A. coronaria sin. und dextra begleiten, aus Ästen des oberflächlichen und tiefen Herzplexus, und zwar scheint es hier in Übereinstimmung mit den Befunden *v. Schumachers* und *Permans*, daß sowohl die zum linken Ventrikel und zur linken

---

[1] An der gleichen Stelle finden sich die Verbindungen der Herznerven beider Seiten auch bei den Pavianen.

Coronararterie, als auch die zum rechten Ventrikel und zur rechten Coronararterie ziehenden Nerven ihre Anteile von den Herznerven beider Seiten beziehen. Ob dagegen eine teilweise Überkreuzung der Fasern stattfindet, wie *Perman* und *Starkov* vertreten, läßt sich aus den vorliegenden Befunden nicht feststellen. Darüber kann nur eine physiologische Untersuchung sicheren Aufschluß erteilen.

Die Nerven zur A. coronaria sinistra treten von den zum linken Ventrikel ziehenden Nerven ab.

Beim Orang wie beim Pavian bilden sie von vornherein keinen geschlossenen Plexus um das Gefäß und seine Verzweigungen, sondern ich konnte besonders beim Orang die von *v. Schumacher* betonte weitgehende Unabhängigkeit im Verlauf der für die Coronargefäße bestimmten Nerven feststellen.

Die zum Ventrikel selbst ziehenden Nerven treten aber bei meinem Orang und Pavian größtenteils an der Atrioventrikulargrenze in die Muskulatur ein.

Die Nerven zum rechten Ventrikel verlaufen beim Orang wie beim Pavian in der Furche zwischen Aorta ascendens und A. pulmonalis und senden einzelne Zweige zu den Plexus dieser Gefäße. Zum Plexus der A. pulmonalis treten Zweiglein auch aus den zum linken Ventrikel ziehenden Nerven. Der Ram. dexter der A. pulmonalis wird wie die Aorta von einem Geflecht umsponnen, das aus Zweigen sowohl vom tiefen, wie vom oberflächlichen Herzplexus und vom linken Vagusstamme gebildet wird. Dieses Geflecht setzt sich auf die Vv. pulmonales sinistrae fort und sendet Zweige mit ihnen zur Lunge und zum linken Vorhofsgeflecht.

Der rechte Vorhof wird beim Orang wie beim Pavian von 2 Seiten her innerviert: einmal von Ästen, die dem, die A. coronaria dextra begleitenden Geflecht entstammen, dann aus Zweigen vom rechten N. vagus, von dem auch die V. cava sup. Äste erhält.

Der linke Vorhof erhält beim Orang und Pavian in der Hauptsache Zweige aus den beiden Nn. vagi. Beim Pavian scheint der rechte N. vagus überwiegend beteiligt zu sein, zu diesem Plexus treten hier ferner je ein Zweig aus dem Ganglion stellatum und dem Ganglion Th_4.

Zur V. cava inf. fanden sich sowohl Äste aus dem Geflecht des linken Vorhofs als auch vom N. phrenicus dext. Die letzteren hat *Luschka* am Menschen beobachtet.

In diesem Zusammenhang müssen wir auf den „Plexus cardiaque de la bifurcation“ eingehen, den *Starkov* erwähnt. Der Name stammt von seiner topographischen Lage und ist deshalb unglücklich, weil dieses Geflecht einen geringen Teil des Vorhofgeflechtes darstellt und von letzterem ebensowenig wie vom Trachealplexus getrennt werden kann. Die beiden Vorhöfe erhalten in der Hauptsache ihre Innervation von den beiden Nn. vagi. Und zwar sind dies die Rv. cardiaci inff., die unterhalb des Recurrensabganges austreten. Dabei kann man die auffallende Beobachtung machen, daß die höher oben abzweigenden Äste zum rechten Vorhof und zur Vena cava sup. ziehen, während die weiter unten abgehenden Äste zum Geflecht des linken Vorhofes und zur unteren Hohlvene verlaufen. (Beim Orang stammen diese unteren Äste größten Teils aus der Chorda oesophagea ant.)

Daß die obere und untere Hohlvene von entsprechend abgehenden Ästen versorgt wird, ist verständlich, dagegen ist es nicht ohne weiteres klar, weshalb der rechte Vorhof von oberen und der linke von unteren Zweigen innerviert wird.

Die Schilddrüse.

Wenn wir zum Vergleiche der Schilddrüsen- und Thymusinnervation des Orang und Pavian mit der Innervation dieser Organe beim Menschen hauptsächlich die ebenfalls im hiesigen Institut entstandenen Untersuchungen *W. Braeuckers* heranziehen, so geschieht dies wegen der Vollständigkeit, die diese Darstellung auszeichnet.

W. Braeucker betont, daß der Ursprung der Rr. und Nn. thyreoidei nicht nur bei den einzelnen Präparaten, sondern auch auf beiden Körperseiten ein sehr variabler ist.

Die sympathischen Schilddrüsennerven entspringen nach *W. Braeucker* aus dem N. card. sup., wo ein solcher fehlt, treten zumeist einige selbständige Zweiglein aus dem Ganglion cerv. sup. und dem oberen Halsgrenzstrang. Mitunter hat der mittlere und untere N. cardiacus gar keine direkten Beziehungen zur Drüse. Er teilt sie nach ihrem Ursprung aus dem oberen, mittleren und unteren Halsganglion ein in Nn. thyreoidei supp., medii und inff. Sie sollen hauptsächlich in der Bahn der Herznerven zur Schilddrüse ziehen.

Die Rami thyreoidei des Vagus teilt *W. Braeucker* ebenfalls ein in obere, die durch Vermittlung des N. laryngeus sup. und insbesondere des Ram. externus, sowie durch den Ramus card. sup., in mittlere, die durch den Ram. card. med. und in untere, die durch den Ram. card. inf. und den N. recurrens zur Drüse gelangen.

Außerdem werden durch den Ram. descendens und Ram. cardiacus hypoglossi, Sympathicus- und Vaguszweige zur Drüse entsandt. Ferner gelangen mit der oberen und unteren Schilddrüsenarterie Nerven zur Drüse.

Die Gesamtheit der zur Schilddrüse ziehenden Nerven verzweigt sich auf ihrer Oberfläche zu einem feinen Kapselgeflecht.

Dieses Kapselgeflecht sehen wir ebenfalls beim Orang auf Abb. 2 von hinten her. Man könnte auch hier der Einteilung *W. Braeuckers* folgend Nn. thyr. supp., medii und inff. zu unterscheiden versuchen. Jedoch halte ich dies hier nicht für zweckmäßig.

Die sympathischen Schilddrüsennerven zeigen auch hier auf beiden Seiten eine gewisse Variabilität ihres Ursprungs; sie treten zum größeren Teil aus dem von uns als N. card. sup. angesprochenen Nerven, der rechterseits aus dem Grenzstrang mehrere Anastomosen aufnimmt, und zwar von der Stelle, an der sonst das Ganglion cerv. medium liegt. Aus dem als Ganglion card. sup. angesprochenen Knoten treten auch hier Äste zur Schilddrüse. Auf der linken Seite tritt ebenfalls die Mehrzahl aus dem von uns als N. card. sup. angesprochenen Nerven bzw. seiner Einmündungsstelle in den Halsgrenzstrang. Dazu noch einige aus dem N. card. medius und aus seinem Ganglion.

Direkt vom Vagusstamme zur Schilddrüse ziehende Nerven wurden nicht aufgefunden. Dagegen tritt auf der rechten Seite ein Ästchen aus dem N. laryngeus sup. zum oberen Pol der Drüse.

Vom N. recurrens zur Schilddrüse ziehende Ästchen fanden sich keine an diesem Präparat.

Die mit der A. thyr. sup. zum oberen Pol der Schilddrüse ziehenden Ästchen entstammen sowohl dem Plexus der A. lingualis als dem Plexus pharyngeus lat., zu ihnen gesellen sich noch einige Zweiglein aus der Ansa hypoglossi, die wahrscheinlich Vagus- und Sympathicusfasern führt, was verständlich erscheint, da je ein Zweig aus dem Ganglion cerv. sup. und nodosum in den Nerv. hypoglossus eintritt. Die mit den Aa. thyr. inff. zur Schilddrüse ziehenden Nerven entstammen beiderseits dem Plexus subclavius, außerdem treten noch einige feine Zweiglein aus den unteren Halsganglien hinzu.

Vom N. recurrens wurden hier keine Zweige zur Schilddrüse gefunden.

Beim Pavian 1 gingen sympathische Nerven zur Schilddrüse vom Ganglion cerv. sup. mit dem Plexus der A. thyr. sup. und aus der Ansa hypoglossi; ferner treten namentlich aus dem unteren Pol der Drüse Äste vom N. recurrens. Der Ram. ext. des N. laryng. sup. schickt auf jeder Seite ein (rechts sogar ziemlich starkes) Ästchen zur Innenfläche der Schilddrüse, von dem aus Zweiglein ins Innere der Drüse eindringen, die beim Menschen noch nicht beachtet wurden. Die Äste, die mit der A. thyr. inf. zur Schilddrüse ziehen, entstammen teils aus dem Plexus subclavius, teils dem N. recurrens.

Wir sehen somit eine gute Übereinstimmung mit den Befunden *W. Braeukkers* beim Menschen.

Die Thymusdrüse.

Nach der eingehenden Schilderung *W. Braeuckers* erhält die Thymus beim Menschen Nerven aus dem Herzplexus, dem Geflecht der V. anonyma, ferner aus dem N. phrenicus. Nach *Cooper* treten ferner Ästchen vom Plexus der A. mammar. int. zur Thymus.

Bei meinem Orang fand ich sowohl zahlreiche Ästchen aus dem Herzplexus und vom Vagus, ferner Zweiglein von dem Plexus der A. anonyma zur Thymusdrüse, außerdem ziehen Nerven vom Plexus der A. mammar. int. und A. pericardiaco-phrenica, sowie mit der A. thymica zur Drüse.

Vom Herzgeflecht ziehen ferner Ästchen unter der Drüse hindurch, geben Zweiglein an diese ab und endigen im Perikard.

Der N. phrenicus führt wahrscheinlich sympathische Fasern zu dem Organ, die offenbar durch die Anastomose mit der Ansa subclavia und seine sonstigen Verbindungen mit dem Plexus subclavius in ihn eintreten. Bemerkenswert erscheint mir der Ast aus dem rechten N. cardiacus, der unter dem Arc. venos. juguli hindurch zwischen die beiden Lappen der Drüse eindringt, sich dort verzweigt und zahlreiche Ästchen zur Substanz der Drüse abgibt (siehe Detailskizze [Abb. A]).

Das als Thymus angesprochene drüsige Organ beim Pavian 2 liegt unter dem Herzgeflecht. Seine reiche Innervation von Ästen des Herzplexus aus ist auf Abb. G_1 deutlich zu erkennen. Bemerkenswert ist hier noch, daß es ein paar Ästchen aus dem N. recurrens erhält.

Ich habe also die sämtlichen Innervationsbefunde, die von den einzelnen Autoren beim Menschen nur als Bruchstücke beobachtet werden konnten, im

Zusammenhange beim Orang gesehen. Auch über die vollständige Beschreibung von *W. Braeucker* hinaus wurden die von den Gefäßnerven der A. mammaria int. an die Thymus abgehenden Ästchen festgestellt.

Citierte Literatur.

Braeucker, W., Die Nerven der Thymus. Zeitschr. f. Anat. u. Entwicklungsgesch. **69,** H. 4/6. 1923. — *Cooper, A.*, The anatomy of the thymus gland. London 1832. — *Ellis*, Demonstration of Anatomy. London 1849. — *Lim-Boon Keng*, On the nervous supply of the dog's hearth. Journ. of physiol. 1914. — *Perman, E.*, Anatomische Untersuchungen über die Herznerven. Zeitschr. f. d. ges. Anat., Abt. 1: Zeitschr. f. Anat. u. Entwicklungsgesch. **71.** 1924. — *v. Schumacher*, Zur Frage der Herznerven von Säugetieren. Anat. Anz. **21.** 1902. — *v. Schumacher*, Die Herznerven der Säugetiere und des Menschen. Sitzungsber. d. Akad. d. Wiss., Wen, Mathem.-naturw. Klasse, Abt. 3, **111.** 1902. — *Starkov, H. V.*, Über die Herznerven des Menschen. Rozpravy České Akad. 1925. — *Van den Broek*, Über den Bau des sympathischen Nervensystems der Säugetiere. Mcrph. Jahrb. **37.** 1907. — *Walter, J. G.*, Tabulae nervorum thoracis et abdominis. Berolini 1783. — *Wrisberg*, Observationes anatomicae etc. 1786. Sylloge commentationum anatomicum; de nervis pharyngis. Göttingen 1786.

Additional material from *Über die Innervation der Hals- und Brustorgane bei einigen Affen,* ISBN 978-3-662-40964-0, is available at http://extras.springer.com